虛擬實境的商業化應用

遠比現實世界自由的VR世界

楊浩然 —— 編著

VIRTUAL REALITY
Commercial Application

帶領你在VR商戰的狂濤中破浪而行、殺出血路！

「為什麼說虛擬實境，是一種【不新鮮】的技術？
「你有沒有想過──為什麼傳統遊戲偏愛格鬥與槍擊？
「《開心農場》能帶給VR技術什麼樣的啟示？
「為什麼說「新」是VR新技術的原罪？
──如果VR能提供你想要的生活方式，那擁有金錢還有什麼用？

崧燁文化

目錄

前言

近年來，世界一流科技公司和資本機構都對虛擬實境技術表現出濃厚的興趣，Facebook 等科技公司已經將虛擬實境列為核心策略方向之一，虛擬實境產業的投資案例更是層出不窮。根據高盛集團的預測，虛擬實境產業將在不到十年內獲得數千億、甚至數兆的市場價值，它將成為現代消費社會的一顆明星，影響全球人的生活，並帶來數以萬計的工作機會。

第一代 iPhone 已經可以讓人想像智慧型手機的時代，然而，虛擬實境產品仍然是各專業領域的設備，以及少數極客（Geek）玩家手裡的高級玩具。為此，本書將幫助那些非專業、但又想瞭解虛擬實境的讀者，從零開始瞭解虛擬實境的概念和特性，並基於虛擬實境的定義、特點和現狀，討論虛擬實境產業的商業化前景，最終也簡要提及了虛擬實境技術可能對人類社會帶來的影響。

下一波技術革命

網路技術蓬勃發展，我們透過網路有了 LINE、Skype 等各種全新的通訊方式，人們也透過網路開啟了各種線上會議，但

人和人的溝通依然沒有現場感，體驗上依然無法像科幻作家所想像的那樣：人類在地球的任何角落，都可以即時參與公司會議、參觀任何博物館、到任何大學聽課……的設想。

除了企業應用，在遊戲業、電影業，人類也需要更加身臨其境的體驗。有需求就有市場，於是虛擬實境技術開始成為各大技術公司的研究方向。想想 3D 電影帶來的經濟效益，伴隨虛擬實境技術的成熟，人類不僅在高等教育、企業會議等方面的成本會下降，娛樂業會帶來一波新體驗，也會誕生一些新產業和新應用。

這是網路的下一波發展方向，這是一個改變人類社會的新一波技術發展方向，這是對每個人的學習、工作和娛樂都將發生改變的新技術，你需要瞭解這個新技術 —— 虛擬實境。

本書致力於從淺到深為讀者傳遞富含資訊量的內容，透過理論與案例相結合，為大眾讀者提供輕鬆生動的閱讀體驗，讓非專業人士在讀完本書之後，也能對虛擬實境有足夠的瞭解和自主判斷，全書的內容安排如下：

第一篇 感官革命：認識人類自己

本篇使用兩章的篇幅向讀者闡述一些基礎理念，引出虛擬實境的核心定義。人類本質上是依賴感官來瞭解外在世界，感官獲取的資訊構成我們所感知的世界。虛擬實境技術與廣播、

電視等技術沒有本質區別，都是透過傳遞聲音、圖像等資訊使感官得到滿足。如果虛擬實境技術所傳遞的資訊足夠全面，使用者感官所描述出的世界也能顯得足夠真實。

第二篇 技術革命：瞭解虛擬實境

本篇在上一篇引出虛擬實境定義的基礎之上，從發展歷史說起，介紹了現今主流的虛擬實境技術方案及其原理，並基於技術特點，延伸介紹了虛擬實境系統的硬體裝備和軟體內容，為探討虛擬實境商業化打下基礎。

第三篇 消費革命：開啟商業化征途

本篇探討了虛擬實境產品如何打入大眾消費市場的問題，以 SONY 和特斯拉兩家代表性科技公司的商業化歷程，總結大眾消費市場領域的規律，為同樣是科技領域的虛擬實境公司指出可能的商業化方向。

第四篇 商業革命：充滿想像空間的商業化前景

本篇用了三章的篇幅，闡述虛擬實境產業的商業化征程，隨著技術發展所經歷的三個大概階段。此外，本篇還延伸介紹了網路時代的發展規律，以及人工智慧等尖端科學技術。

第五篇 社會革命：被技術改變的大腦

本篇簡要討論了虛擬實境在商業領域之外的影響，並探討作為一種革命性的媒介技術，虛擬實境可能會對人類社會造成的深遠影響。為了更深入地討論這個話題，本篇介紹了媒介決定論、網路發展歷史和賽博龐克理念。

本書由楊浩然為主筆統籌編寫，同時參與編寫的還有黃維、金寶花、李陽、程斌、胡亞麗、焦帥偉、馬新原、能永霞、王雅瓊、于健、周洋、謝國瑞、朱珊珊、李亞傑、王小龍、張彥梅、李楠、黃丹華、夏軍芳、武浩然、武曉蘭、張宇微、毛春豔、張敏敏、呂夢琪等作者，在此一併感謝。

虛擬實境技術尚在發展中，而將來一定會伴隨技術的完善帶給人類大大的改變，就讓我們一起來見證歷史。

作者

第一篇　感官革命：認識人類自己

　　人類本質是一種感官動物，所有的感性與理性、科學與藝術、城市與村莊全部都建立在人類對外部世界的感知和回應之上。翻開人類的歷史，在宗教、政治、科技和經濟的背後埋藏著的是人類對感官的運用、學習和掌握。

　　想要瞭解虛擬實境技術，首先要瞭解人類如何感知現實，即從感官的角度重新認識人類自己。

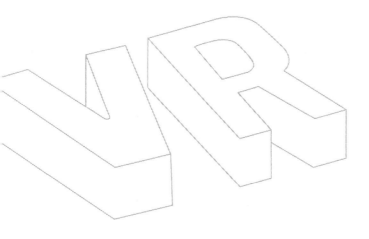

第 1 章
一切認知基於感官

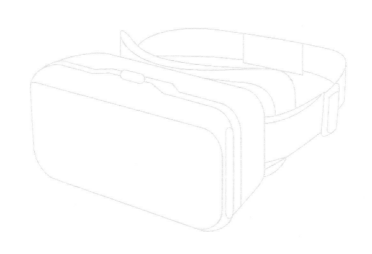

第1章 一切認知基於感官

一位現代都市居民的典型生活：早上，在鬧鐘聲中醒來，他在醒來後的數秒內意識到新的一天開始了，然後洗漱、吃早飯，走出家門；搭上開往公司的捷運，一路仔細聽著廣播的站名，並在某一站下車，走到公司；到達公司後，先打開電腦，閱讀郵件，然後撰寫工作文件，與同事交流，完成一天的工作；下班後回到家中，打開電視收看新聞和娛樂節目，和家人一起交流；最終，躺在床上，設定好第二天的鬧鐘，沉入夢鄉。

在這再尋常不過的生活中，卻充滿不簡單的認知判斷，並依賴著人體的五官：早上，他透過耳朵聽到鬧鐘聲響，意識到新的一天開始了；在捷運上，時刻警覺的聽覺讓他在正確的站下車；工作時，他透過眼睛閱讀檔案，在與同事交流的同時，刺激了視覺和聽覺；下班後，電視節目透過眼睛和耳朵進入他的大腦，帶來輕鬆休閒的享受。

可見生活當中，資訊無處不在，人類想要正常生活和參與社會合作，只有不停地獲取這些資訊，並據此作出判斷。在日常生活中，感官是資訊進入人類大腦的唯一媒介，它們將光、聲音、氣味等資訊轉化為特定模式的神經衝動，再傳遞到大腦中解碼，最後轉化為真實的特定感受。此時此刻，讀者就正在透過眼睛閱讀文字，獲取文字蘊含的資訊，並轉化成神經衝動傳遞給大腦。這一神奇偉大的過程支撐著每一個人與世界的交流、文化的孕育和社會的發展。

在人類歷史的不同發展階段，社會的主流資訊不同，資訊對人類感官的依賴程度也不同。在遙遠的原始社會，人類的祖先還生活在洞穴中，文字尚未被發明，人類的勞動生產以打獵為主，交流方式以口語為主。在打獵時，人類需要高度集中注意力，全方位關注所有感官，不放過任何一絲關於獵物的資訊；在口語交流時，人類透過聽覺感知對方的聲音，透過視覺看到對方的肢體動作和面部表情，透過觸覺感受對方的動作等等。人類祖先對感官的依賴是豐富、全面而深刻的。直到後來發明了工具和文字，人類才逐漸走出原始社會。

隨著金屬冶煉技術的出現和普及，人類發明了勞動工具，大大提高了社會生產力水準。人類進入農業社會，住進了可以抵禦野獸的房屋，並以耕作作為主要生產方式。在這一階段，人類既不需要像祖先一樣時刻注意獵物的蹤跡，也不需要與其他人類頻繁地溝通合作，對五官的依賴程度就開始大幅降低。科學家的研究表明，人類演化史，也是一部五官退化史：比起生活在洞穴的祖先，現代人類的視覺、聽覺、嗅覺等感官都已明顯退化。

發生於農業社會的一件大事，是印刷技術的成熟和普及，它使文字這一資訊媒介得到廣泛傳播。一些人開始整日與書籍為伴，大量的資訊獲取來自文字閱讀，感官中人類對視覺的依賴比例逐漸提高。

第 1 章　一切認知基於感官

隨著工業革命的來臨，以電報、廣播、電視為主的電力媒介（electric media）席捲世界，人類在勞動生產之外的娛樂時間幾乎徹底被電力媒介占據。電視等電力媒介傳遞的資訊是基於現實的還原，透過圖像和聲音傳遞生動豐富的資訊。在這一時代，視覺和聽覺的體驗得到重視，並一直延續到下一個媒介時代。

在二十世紀末、二十一世紀初，電腦在全世界快速普及，全球被捲入多媒體時代。在這一時代，圖像和聲音資訊被數位化，並儲存於電腦中，人類透過顯示器、耳機和音響接受視聽兼備的生動資訊。無論是雜誌報紙、現場演唱會還是街頭風景都可以被記錄下來，並透過電腦還原。電腦所開啟的多媒體時代給人類提供了精彩絕倫的視聽體驗，這是過去任何一個時代所不能想像的。

可見，自從人類走出洞穴之後，伴隨著技術發展，社會主流媒介對人類感官的運用的廣度和深度越來越大，但目前為止最豐富多彩的電腦媒介也只是主要刺激視覺和聽覺，會不會有一個深度運用全部感官的新媒介，在不遠的未來等著人類？

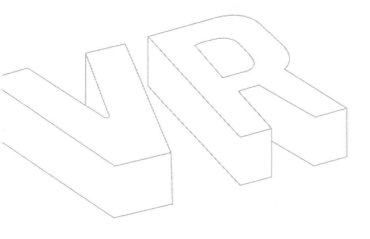

第 2 章
電腦的演化

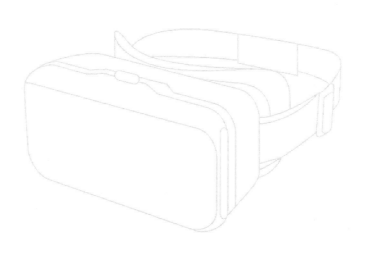

第 2 章　電腦的演化

　　電腦從誕生到現在，已經有超過半個世紀的發展歷史。Intel 的創始人戈登·摩爾（Gordon Moore），於 1960 年代提出著名的摩爾定律（Moore's law）：當價格不變時，積體電路上可容納的電晶體的數目，每隔 18 ～ 24 個月便會增加一倍，性能也將提升一倍。換言之，每一美元所能買到的電腦性能，將每隔 18 ～ 24 個月上升一倍以上，揭示了電腦在過去半個多世紀以來的快速發展。

　　隨著電腦性能的快速發展，電腦所呈現的視聽資訊也越來越生動逼真，以下就以最能反映視聽表現能力的電子遊戲為例。得益於摩爾定律，電子遊戲的畫面品質從粗糙的像素顆粒，發展到非常逼真的視覺效果，電子遊戲業的魅力越來越大，到如今已經被人們公認為是繼繪畫、雕塑、建築、音樂、文學、舞蹈、戲劇、電影八大藝術形式之後的第九藝術。一款高品質遊戲，其劇情、畫面風格、配樂以及精神內涵，並不亞於一些優秀的電影作品。

　　如今，電子遊戲的內容展現形式仍然是以螢幕和音響為主，遊戲開發者一直致力於在小小的顯示器螢幕上提供越來越真實的畫面；然而，這條道路越來越艱難，就像觀眾在被好萊塢電影輪番轟炸感官後，就再也難以被電影特效輕易打動，電子遊戲業同樣也遭遇這一尷尬情景，畫面品質和音效的發展對玩家體驗的提升，已經遭遇邊際效應遞減的困境。

　　然而，人類在感官體驗上永不滿足，在商業利益的驅動下，一定會有新的媒介形式出現，提供革命性的感官體驗。以電影業為例，電影誕生以來一百多年的時光中，電影業業者一直致力於提供更清晰、更有藝術風格的畫面，這種局面一直持續到二十世紀末、二十一世紀初，電影業業者發現在電影畫面上的提升越來越難，對觀眾感官的刺激也越來越弱，遭遇了類似電子遊戲業現在正在面對的困境。在電影業，一些人留在提升電影畫面品質的道路上追求極限，用更好的作品征服觀眾；另一些人則突破固有思維，嘗試從別的維度提升觀眾的感官體驗，其中最成功的嘗試即是 3D 電影。

　　如今越來越多的人喜歡 3D 電影，因為它比起傳統平面電影能傳達更直觀生動的視覺體驗。從感官上分析，3D 電影和平面電影一樣，仍然是刺激觀眾的視覺和聽覺感官，但在視覺感官的刺激深度上有本質的變化。可見，更深度全面地刺激感官，輸出更真實豐富的資訊，是電影業演化的方向。

　　從電影業的演化歷程中我們可以發現，所有以感官體驗為核心的產業，最終的演化方向都是全方位深度刺激人的所有感官。在過去，電腦為人類打開了多媒體時代，瞬間席捲全球，上演了一場感官體驗的狂歡盛宴；但伴隨著摩爾定律發揮魔力，這一代電腦所能提供的視聽體驗已經逼近極限，感官體驗危機來勢洶湧。

第 2 章　電腦的演化

　　雖然電腦性能在過去有著日新月異的升級，但電腦在資訊輸出形式和輸入形式上沒有革命性變化：電腦透過顯示器和音響輸出圖像和聲音資訊，人類透過鍵盤和滑鼠向電腦輸入資訊。這一形式在電腦走入千家萬戶時就已經固定下來，沒有隨著電腦性能突飛猛進的升級而演化，這導致電腦只能在視覺和聽覺兩個維度輕量地輸出資訊，提供視聽體驗。

　　摩爾定律仍然有效，電腦性能依然每隔 18 ～ 24 個月翻一倍以上，電腦若想要隨著性能成長繼續提供成倍的感官體驗，就必須演化出新的輸入和輸出方式。也就是說，以探索新型輸入方式和輸出方式為核心的虛擬實境技術，是電腦的下一個演化方向。

第二篇　技術革命：瞭解虛擬實境

　　虛擬實境技術致力於在現實世界之外創造一個全新的虛擬世界，但這一宏大目標並不容易實現。在出發之前，我們需要重新思考虛擬實境的具體定義，以及如何從技術上實現虛擬實境的願景：讓所有人類自由創造、並加入一個全新的虛擬世界。

第 3 章

虛擬實境：一種並不新鮮的技術

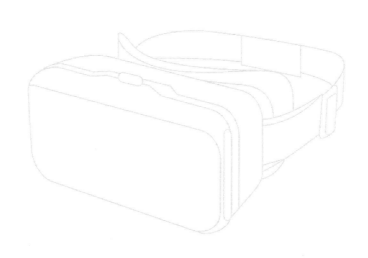

第 3 章　虛擬實境：一種並不新鮮的技術

自從 Facebook 宣布斥資二十億美元收購虛擬實境技術公司 Oculus VR 後，就點燃了媒體和資本界對虛擬實境技術的想像和熱情。在不久的時間內，SONY、微軟、三星、Google 和 HTC 等國際知名科技公司紛紛發布虛擬實境產品，參與到這片尚未被開發的市場。虛擬實境領域的融資新聞也層出不窮，所有風險投資機構都在摩拳擦掌，尋找下一個有潛力實現百億估值的虛擬實境公司，一些虛擬實境業者更是直呼，2016 年是虛擬實境產業爆發的元年。

然而，虛擬實境並不是這幾年才出現的尖端技術，虛擬實境的歷史，最早可以追溯到八十多年前。早在第一次世界大戰期間，就有人開始嘗試使用機電設備來製作模擬器，最有名氣的莫過於 1929 年美國人艾德溫· 林克（Edwin Link）發明的飛行模擬器 —— 林克訓練機。這部機器還原了普通飛機駕駛艙的環境，具備一個啟動平臺，可以讓體驗者感受到飛機俯仰、滾轉與偏航等飛行動作。林克訓練機可以說是人類模擬仿真物理現實的首次嘗試，其後隨著控制技術的不斷發展，各種仿真模擬器相繼問世。

1965 年，電腦圖學（CG）的奠基人伊凡· 蘇澤蘭（Ivan Sutherland）博士在〈終極的顯示〉（*The Ultimate Display*）一文中，以敏銳的洞察力和超前的想像力描繪了一種新的顯示技術。在蘇澤蘭的設想中，人類可以直接沉浸在電腦控制的虛擬

環境之中，感受到如同現實一般逼真的環境；同時人們還能與虛擬環境中的對象互動，能夠感知到力回饋和聲音提示。蘇澤蘭的這篇文章首次從電腦和人機互動的角度，提出模擬現實世界的思想，啟發了人們對虛擬實境系統的研究。

到了 1968 年，伊凡‧蘇澤蘭率領其學生研發出世界上第一款頭戴式虛擬實境設備：達摩克利斯之劍（The Sword of Damocles）。達摩克利斯之劍系統的誕生具有里程碑式的意義，它的出現定義了虛擬實境技術的幾個核心要素：

- 立體顯示：系統使用了兩臺 CRT 顯示器，透過分別顯示不同視角的圖像來實現立體視覺。
- 即時生成畫面：系統中所看到的圖形是電腦即時運算生成的。
- 動作追蹤：系統使用了超音波和機械連桿來擷取頭部運動，實現運動追蹤。
- 環境互動：系統提供了供雙手操作的把手，與虛擬環境中的對象互動。
- 模型生成：系統不僅使用電腦即時運算生成畫面，還能讓畫面中的模型隨著頭部運動而變化。

第 3 章　虛擬實境：一種並不新鮮的技術

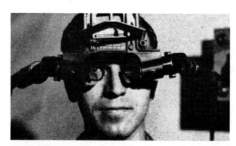

伊凡‧蘇澤蘭和他的團隊打造出了第一款現代意義上的虛擬實境設備

由於伊凡‧蘇澤蘭對虛擬實境技術的理論誕生和應用發展做出了巨大貢獻，他被稱為虛擬實境之父。

進入 1980 年代，隨著個人電腦和網路技術的發展，虛擬實境技術進入快速發展階段。虛擬實境技術在政府和軍事領域得到重視，1983 年美國國防高等研究計劃署（Defense Advanced Research Projects Agency）聯合研發 SIMNET（SIMulator NETworking）計畫，它可以連接 200 多臺模擬器，為士兵提供坦克協同訓練；1984 年 NASA Ames 研究中心的 M.McGreevy 和 J.Humphries，開發出虛擬環境視覺顯示器，將火星探測器發回的火星地面數據輸入電腦，以 3D 畫面的形式還原火星表面環境。這些軍事和研究領域所開發的系統，推動了虛擬實境理論和技術的發展。

到了 1980 年代末，美國 VPL 公司創始人 Jaron Lanier 正式提出了虛擬實境（Virtual Reality，VR）的概念，這一詞語

很快被研究人員廣泛接受，並成為這一科學技術領域的專用名詞。與此同時，虛擬實境技術在商業應用領域的巨大潛能也開始被注意，一些公司開始嘗試研發基於虛擬實境技術的消費品。

到了1990年代，日本遊戲公司SEGA和任天堂（Nintendo）相繼推出了VR遊戲機Sega VR-1和Virtual Boy，在業界引起轟動。任天堂作為遊戲產業的巨頭公司，對Virtual Boy有很高的期待，設計者橫井軍平希望能使用虛擬實境技術突破遊戲的發展方向，改寫整個遊戲產業。與常見遊戲機不同，Virtual Boy採用了頭戴顯示器的設計，透過兩塊LED螢幕來實現沉浸式體驗，螢幕只支持紅黑兩色，透過特殊設計的畫面來表現不同的層次，實現一定的3D效果。Virtual Boy所提供的畫面還十分簡陋，但頭戴顯示器的設計理念是超前的。目前先進的VR頭戴顯示器都是基於Virtual Boy雙顯示器的設計，且搭載了更優良的螢幕。

然而，被任天堂公司寄予厚望的Virtual Boy在日本市場只存活了五個月，在美國市場也上市不到一年便下架。Virtual Boy為何遭遇如此慘痛的失敗？這與當時虛擬實境技術的不成熟和開發者缺少經驗有關。

首先，Virtual Boy設計者橫井軍平起初的設計是頭戴式顯示器；但後來在研發中發現，使用者的頭部晃動會引起液晶偏

第3章　虛擬實境：一種並不新鮮的技術

振，導致圖像紊亂錯位，Virtual Boy 的研發計畫一再延期，而競爭對手所研發的遊戲機已經問世，市場反響超出預期。面對當時的情況，任天堂公司時任社長山內溥決定將 Virtual Boy 提前推向市場，橫井軍平只能將頭戴式顯示器臨時改為透過支架固定於桌面上的設計，完全失去了頭戴顯示器的意義。

其次，任天堂的開發者也缺少虛擬實境技術的開發經驗，Virtual Boy 所試圖打造的沉浸式環境體驗並不佳，許多使用者在使用後有明顯眩暈感，甚至頭痛等現象。作為遊戲機，無法為玩家提供愉悅的沉浸式遊戲體驗，反而給玩家帶來身體上的強烈不適，無疑是失敗的。再考慮到 Virtual Boy 當時極為昂貴的價格，失敗的結局早已注定。

日本遊戲巨頭公司任天堂，對虛擬實境技術抱有大大的熱情並投入資源研發，仍然遭遇慘痛的失敗，我們也可以從中總結一些經驗教訓。如筆者在第 1 章所言，虛擬實境技術是為了提供接近、超越現實的體驗而生的，感官體驗是虛擬實境技術在應用層面的基礎核心。在任天堂決定研發 Virtual Boy 的時代，當時的科技水準還遠不足以在 VR 設備中提供逼真的沉浸式環境，開發者也缺少經驗，不瞭解什麼樣的圖像內容不會給使用者帶來眩暈等不適。更重要的是，當時以 IBM 為代表的廠商，開始研發個人電腦（PC）；以 Intel 為首的半導體產業，也在摩爾定律的作用下研發出運算速度越來越快的晶片。電腦在

感官體驗的道路上才剛剛啟程，對當時的人們來說，電腦及其衍生的電子遊戲比虛擬實境技術更親民、更容易實現美妙的感官體驗。

隨著個人電腦的流行和網路的興起，人們將注意力轉向電腦與網路，一度爆紅的虛擬實境技術很快銷聲匿跡。不過，正如第 1 章所言，這一代電腦的好時光所剩不多了，性能的翻倍提升對畫面品質的改進越來越不明顯，想要繼續滿足消費者對感官刺激的需求，只有讓電腦演化。

於是，在虛擬實境產業沉寂近二十年後，突然有了 Facebook 斥資二十億美元加入虛擬實境產業的大動作，點燃了資本界對虛擬實境產業的熱情。

第 3 章　虛擬實境：一種並不新鮮的技術

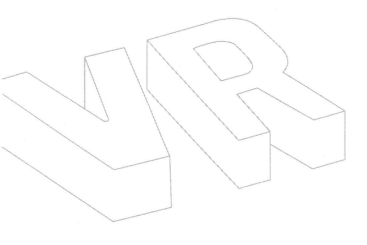

第 4 章

硬體裝備

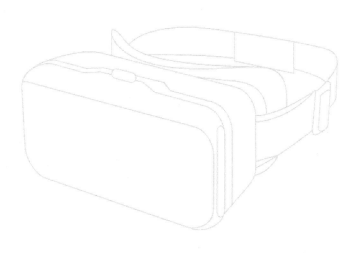

第 4 章　硬體裝備

　　虛擬實境技術的發展已經有超過半個世紀的歷史，它的發展路徑十分清晰。1968 年，伊凡·蘇澤蘭教授與其學生一同打造的達摩克利斯之劍系統，被稱為是世界上第一款真正的虛擬實境原型設備，之後所有關於虛擬實境技術的研究，都是基於達摩克利斯之劍系統的設計，然後再採用更新、更全面的技術與設備。

　　達摩克利斯之劍系統指出了虛擬實境技術的核心要素：使用電腦營造盡可能逼真的虛擬環境，讓使用者盡可能真實地感知環境；使用者可以與虛擬環境盡可能真實的互動。這兩點核心要素在技術裝備上的體現，即是資訊輸出設備和資訊輸入設備：透過全方位、高精確度的資訊輸出設備讓使用者感受到真實的環境；使用者使用全方位、高精確度的資訊輸入設備與虛擬環境，進行接近真實生活體驗的互動。

4.1 資訊輸出設備

　　一套虛擬實境系統在硬體上，包括負責運算的電腦、資訊輸出設備和資訊輸入設備。虛擬實境技術對電腦的要求是擁有足夠的運算能力，能夠流暢模擬足夠逼真的虛擬環境。由於如今電腦的性能仍然隨著摩爾定律快速提升，半導體產業的發展瓶頸似乎還遙不可及，故電腦性能不是研究虛擬實境技術

的重點。

　　Facebook 於 2014 年斥資二十億美元收購的虛擬實境技術公司 Oculus VR，其產品 Oculus Rift 即是頭戴式顯示器（Head-Mounted Display，HMD）。Oculus VR 公司的創始人帕爾默·拉奇（Palmer Luckey）十八歲時在父母的車庫中創造了他的第一款頭戴顯示器 CR1，只能展示 2D 畫面，擁有 90° 的狹窄視角。在接下來的一年中，帕爾默·拉奇研發了一系列頭戴顯示器原型，努力實現 3D 畫面和 270° 的視角。帕爾默·拉奇把他的第六代原型命名為「Rift」，並在眾籌網站 Kickstarter 上發布產品，最終籌得兩百四十萬美元。當 Oculus VR 公司被 Facebook 以二十億美金收購時，帕爾默·拉奇還不滿二十二歲。

Oculus 創始人帕爾默·拉奇

　　像頭盔或眼鏡一樣的頭戴顯示器，是大眾對虛擬實境的第一印象，頭戴顯示器也的確是 VR 體驗的核心。就像人們第一

次走進 3D 電影廳所感受到的震撼一樣，使用者戴上 VR 眼鏡後能直接感受到沉浸式虛擬環境所帶來的震撼體驗。傳統顯示器不論畫面有多麼精細、顏色有多麼真實，給人的感覺是永遠是隔著螢幕，觀看一個與自己無關的世界，即使是在觀看 3D 顯示器，也很清楚螢幕中的世界與現實生活的距離。VR 眼鏡將兩塊顯示器放置在使用者眼球前幾公分的地方，透過左右影像的重疊實現接近真實世界的視覺效果。從設計原理來說，VR 眼鏡對視覺感官的榨取已經達到極限，達到了真假不分的程度。

當然，現今的 VR 眼鏡還有很多問題需要解決，還無法真正以假亂真。最容易被注意到的問題就是圖像清晰度的問題，我們都知道手機螢幕的解析度越高，螢幕的顆粒感越不明顯，顯示效果也就越清晰真實；而如果手機螢幕的解析度較低，就會出現「紗門效應」，畫面顆粒感十分明顯。

賈伯斯於 2010 年 6 月 8 日，在美國舊金山發布了具有劃時代意義的 iPhone4，其最大的亮點是採用了名為 Retina 的顯示技術，在每平方英吋的螢幕面積裡塞入了 327 像素，而電腦顯示器的像素密度通常為每平方英吋 72 像素，也就是說 iPhone4 的螢幕像素密度是電腦顯示器像素密度的四倍以上。

可見，電子螢幕的畫面精細程度取決於像素密度，當然，在實際生活中還要考慮人眼與螢幕的距離。賈伯斯認為，像素

密度達到 327 的 iPhone4 能提供「視網膜」級的清晰畫面，即建立在人類使用手機時，眼睛與螢幕的平均距離為三十公分左右的基礎上。而如果把 iPhone4 的螢幕舉到眼前仔細看，不難發現螢幕畫面的顆粒感。

像素密度越高，圖形顯示效果就越精細

VR 眼鏡想要提供「視網膜」級的清晰畫面，所遭遇的挑戰比手機螢幕難得多。VR 眼鏡的特殊，在於要盡可能覆蓋使用者的全部視野。根據 AMD 公司發布的分析報告，人眼在水平方向上有 120° 的視野範圍，在垂直方向上有 135° 的視野範圍；然而使用者在觀看傳統電腦顯示器時，水平方向上獲得的視野平均為 50°，在垂直方向上獲得的視野通常只有 30°。想要擴大顯示器的觀看視角，只有增加螢幕尺寸或拉近螢幕與人眼的距離。如果選擇增加螢幕尺寸，會遭遇兩個難於克服的挑戰：虛擬實境技術不僅要實現全視野的畫面，還要實現畫面跟隨人的頭部轉動而變化，上百英吋的螢幕無法輕便快速的跟隨頭部移

動；此外，大尺寸螢幕的成本一直居高不下，120 英吋高畫質電視的價格均在百萬元上下，這不是消費者能承受的價格。

因此，如今唯一能考慮的方案，即是拉近人眼和螢幕的距離，這樣可以較好地提供接近人眼視野角度的畫面，但這種方案也有其弊端，即畫面清晰度的問題。傳統電子螢幕的使用場景，通常是人眼與螢幕有數十公分、甚至數公尺的距離；而使用者在使用 VR 眼鏡時，人眼與螢幕的距離通常只有幾公分，傳統電子螢幕的像素密度根本無法滿足虛擬實境技術的需求。所以，當下虛擬實境技術所遭遇最現實的問題，即是傳統電子螢幕的像素密度過低，VR 眼鏡所提供的實際畫面效果還很粗糙，遠沒有達到人類視力的極限。

AMD 公司發布的一份報告指出，人眼視網膜能感知到含有一億一千六百萬像素的畫面，意味著虛擬實境技術想要在畫面清晰度上「以假亂真」，起碼要使用含有一億一千六百萬像素的電子螢幕，而最接近這個數字的是 16K 螢幕，即解析度為 15360×8640 的螢幕。以 Oculus Rift DK2 為例，其螢幕尺寸為 5.7 英吋，而為了實現與現實無異的清晰畫面，螢幕需要在每平方英吋塞下 3092 像素。

當然，就如同手機的發展歷史一樣，消費者不會等到 16K 螢幕的量產才購買 VR 設備，8K 解析度、甚至 4K 解析度，就

已經能提供可以接受的畫面體驗，而 16K 解析度會隨著 VR 產業的當紅而加速發展。

SONY 首款擁有 4K 解析度螢幕的智慧型手機 Xperia Z5 Premium，在 5.5 英吋的狹小螢幕內塞入了將近 690 萬像素，密度高達每平方英吋 806 像素。那麼，手機螢幕和 VR 眼鏡所需要的螢幕能否通用？答案是肯定的，因為 VR 眼鏡所需要的螢幕尺寸通常在 5 ～ 7 英吋，而現今主流的智慧型手機都配有 5 英吋以上的手機螢幕。大名鼎鼎的 Oculus Rift DK2 所使用的螢幕，即三星智慧型手機 Galaxy Note 3 的螢幕。

對於人眼而言，畫面足夠清晰還遠遠不夠，因為 VR 系統的使用場景是動態的，這意味著虛擬實境技術還有兩道難關需要跨過。人在觀看電視、使用電腦和手機的時候，眼睛與螢幕處於相對靜止的狀態，電子螢幕只需要流暢清晰地展示畫面即可。但使用者在使用 VR 眼鏡時會頻繁地轉動頭部、轉動身體，這個時候 VR 眼鏡所展現的畫面要隨著使用者動作及時變化，如果畫面沒有及時跟上，使用者的大腦會感知到視覺資訊和肢體動作的不搭配，會產生眩暈、噁心等不良反應。

為了保證 VR 眼鏡在動態的使用場景下仍然能提供真實愉悅的體驗，虛擬實境技術需要克服兩個技術難關：螢幕更新率和延遲率。螢幕更新率指螢幕每秒所展示的畫面數目，我們日

第 4 章 硬體裝備

常生活中所使用的電腦顯示器，即是每秒 60 次的更新率。研究人員指出，想要讓使用者不產生眩暈感，VR 眼鏡的螢幕需要至少每秒 90 幀的更新率。由於使用者在 VR 眼鏡中所看到的畫面全部是由電腦即時生成，電腦生成畫面需要消耗一定的運算時間；再考慮到 VR 眼鏡上的感測器還要擷取使用者的頭部動作，最終使用者看到的畫面與實際動作之間會有一定的延遲。AMD 公司在分析報告中指出，延遲時間需要控制在 20 毫秒以內才能保證沉浸式臨場感，否則就會「露餡」。

SONY 公司於東京電玩展（Tokyo Game Show）上展示了 VR 產品 PlayStation VR，官方所公布的硬體包含 5.7 英吋的螢幕，其解析度為 1920×1080、更新率為 120Hz、延遲率為 18 毫秒，視角達到 120°。可以發現，PlayStation VR 的更新率超過了 90Hz，延遲率也低於 20 毫秒，只有視角和螢幕解析度仍然是短時間內需要攻克的技術難關。

人類的感官不只是有視覺，還有聽覺、觸覺、嗅覺、味覺等，這些感官都應該是虛擬實境技術致力滿足的對象。在聽覺方面，一些高級耳機已經能實現環繞立體聲效果，該效果能還原一個場景中從四面八方傳過來的聲音，讓使用者有臨場感；在嗅覺方面，研究人員遇到了一些困難，我們都知道所有色彩都是由紅、綠、藍三種基礎顏色組合而成的，但目前研究人員還無法證明氣味可以像色彩一樣由幾種基礎氣味複合而成，想

要低成本快速還原各種氣味，在技術上暫時還不太現實；至於觸覺，它包含一系列複雜機械刺激的感受，觸覺包括溫度、濕度、疼痛、壓力、振動等感覺，對 VR 系統來說，還原任何一種觸覺的成本都不會太低。考慮到早期使用者的使用情景，振動、加速感和失重感會比較重要，也相對容易實現；至於味覺，它的問題和嗅覺一樣，目前還無法證明所有味道是由幾種基礎味道組合而成，很難被電腦還原，所以美食才如此難能可貴。

綜合對各種感官的分析，我們可以發現：虛擬實境技術在短期內能輸出的資訊類型還很有限，主要集中於視覺和聽覺，其他感官的資訊暫時還難以被電腦理解和還原。即使是視覺和聽覺這兩部分，現今的虛擬實境技術也無法提供百分之百完美的真實體驗。

不過不必灰心，誕生於 20 世紀的電視機，雖然只能提供不真實也沒有臨場感的畫面和聲音，但也成功在全世界流行，走進絕大部分家庭的客廳裡。而現今的 VR 產品能提供的視聽體驗遠遠超過電視機，流行只是時間的問題。

4.2 資訊輸入設備

VR 設備如果只能輸出資訊，而不能輸入資訊，那它就只是一個高級的家庭電影院罷了。虛擬實境技術最大的魅力就在於

第 4 章　硬體裝備

人可以與電腦控制的虛擬環境互動，就像在真實世界一樣：看到的風景會隨著雙腿的走動而變化、人們會回應你的肢體動作和問候、物品可以被移動或操作等。而如何讓電腦知道我們想對環境做什麼，依靠的就是資訊輸入設備。

自邁入電腦時代以來，人類主要是透過鍵盤、滑鼠和麥克風與電腦後面的虛擬世界對話，這種情況一直到智慧型手機時代才得到艱難的突破，人類可以透過觸摸來操作電腦了（智慧型手機本質還是電腦）。遺憾的是，人類在過去幾十年間發展和使用的資訊輸入設備，在 VR 系統中基本無法應用，發明家們需要研發出真正適合虛擬實境技術的資訊輸入設備。

上一節中我們已經提到，為了實現沉浸式的視覺體驗，人們選擇把螢幕貼在眼睛來獲得寬闊的視野範圍，這一做法在提升視角上的確很有幫助，但也有副作用：使用者的眼睛被 VR 頭盔緊密包住，無法看到外部環境。在這種情況下，使用者無法像過去一樣低頭查看鍵盤操作，鍵盤的使用場景已經徹底不存在。當然，鍵盤的問題不只是使用者無法看著鍵盤操作，更大的問題在於，當使用者的幾根手指動一動，就能讓虛擬世界裡的使用者上下翻飛，現實中的身體卻是靜止的，使用者的大腦就會「報錯」，不能理解眼鏡和身體之間的矛盾，結果就是使用者感受到強烈的頭暈、噁心，產生嚴重的身體不適。

透過鍵盤的例子，可以看出虛擬實境技術對資訊輸入設備的要求：首先要解決人眼被 VR 螢幕徹底遮擋的情況下，如何使用資訊輸入設備的問題；其次還要解決資訊輸入與相應的資訊輸出是否協調的問題。

根據虛擬實境技術對資訊輸入設備的兩點要求，我們接著分析現今電腦常見的資訊輸入設備。滑鼠是現代人生活中難以離開的夥伴，每天工作和娛樂時所使用的電腦，主要操作方式還是使用滑鼠。與鍵盤不同，滑鼠的操作不需要用眼睛盯著，但除此之外滑鼠就沒有優勢了。滑鼠只能執行以點擊和移動為主的簡單操作，輸入的資訊都十分簡單；但在 VR 世界裡，使用者與環境的互動是複雜多樣的，滑鼠無法滿足虛擬實境技術在資訊含量的需求。舉例來說，滑鼠只能在二維平面上移動，VR 世界卻是一個三維空間，僅靠滑鼠很難執行稍微複雜的操作；此外，在 VR 世界裡出現一個滑鼠游標，對使用者來說也是種很糟糕的體驗。

還有一種常見的輸入方式是觸摸，我們每天所使用的手機絕大部分都是觸控式手機，只要動動手指就能操作手機裡的資訊內容，是一種非常自然的資訊輸入方式；然而，這一輸入方式也不適用於虛擬實境技術，因為觸摸的前提是使用者能看到自己的手指和螢幕，但虛擬實境技術為了提供沉浸式的視覺體驗，使用者的雙眼被電子螢幕緊緊遮住。此外，手機上常見

的觸摸技術被應用於二維平面上的操作，缺少在三維空間的操作經驗。

幸運的是，語音傳輸技術可以不受限制的在 VR 系統中應用，只要一個麥克風就可以向電腦錄入語音資訊，一個耳機就可以真實還原語音資訊，整個過程只用到人類的嘴巴和耳朵。

除了語音傳輸之外，搖桿可能是為數不多可以盲操作的資訊輸入設備了，絕大部分使用者在使用搖桿時不需要低頭看，使用者只需要熟悉幾個按鈕的位置就能靈活使用。此外，搖桿也能很好地進行三維空間的操作，使用者不需要經過長時間的學習培訓就能快速上手。美國軍方已經在實戰中使用 Xbox 360 的遊戲搖桿來操作拆彈機器人，理由是士兵可以快速掌握操縱拆彈機器人的方法，同時遊戲搖桿已經能滿足精確操縱機器人的需求。

然而，搖桿連接 VR 系統中仍然有致命缺陷。首先，現有的遊戲搖桿只能在 VR 世界中控制角色移動，一些複雜的肢體動作無法透過搖桿表達，比如腰部的轉動、手臂的揮動等；其次，當使用者動動手指就能讓眼前的虛擬世界上下顛倒、前後移動時，視覺資訊與肢體動作之間的矛盾會使使用者的大腦無從適應。搖桿對虛擬實境技術來說仍然不夠完美，因為能夠輸入的資訊不夠全面，並且只使用了手指，但使用者在虛擬世界

裡的行走、跑動、轉身等動作不能只靠手指實現，否則會導致
眩暈、噁心等反應。

4.3 理想資訊輸入方式的暢想

上一節分析了傳統資訊輸入設備，瞭解到除了語音傳輸之外，所有的資訊輸入方式在 VR 系統中都遭遇到一個共同的問題：眼睛和肢體不協調的問題。大腦從肢體處得到的訊號是「我在靜止」，但從眼睛那裡得到的訊號卻是「我在運動」，這兩種訊號所產生的矛盾會使使用者的大腦無法處理，導致頭暈、噁心等現象。

想要解決這一問題，新的資訊輸入方式必須要讓使用者的四肢參與到資訊輸入的過程當中。於是，一些公司研發出了萬向跑步機（Omni-Directional Treadmill），使用者可以在跑步機上奔跑、行走、轉身、蹲坐等動作，使用者在 VR 眼鏡中所看到的畫面也會隨著現實中肢體的動作而改變。

萬向跑步機的優點，在於它完整還原了現實中肢體運動的體驗，使用者戴上 VR 眼鏡後可以像現實生活中一樣走動，這是最自然、最符合直覺的資訊輸入方式，在體驗的真實度方面上很難有別的資訊輸入方式能夠超越它。我們可以想像一下，在一個休閒的週末，使用者走上萬向跑步機，戴上 VR 眼鏡，

第 4 章　硬體裝備

走進電腦所模擬的虛擬環境，也許漫步異國他鄉的街頭，也許行走在月球表面，也許徜徉在幾萬公里的海底，一切感受都十分真實，讓人忘記缺少樂趣和激情的現實生活。

萬向跑步機可以還原比較真實的運動體驗

然而，萬向跑步機在完美的表象下也有缺點，最直接的缺點就是笨重的體積，占地面積過大。很多年輕人還住在狹窄的租屋中，購置一臺巨大笨重的萬向跑步機太奢侈了。除此之外，與現實完全一樣的行動方式，意味著和現實完全一樣的體力消耗，當使用者結束了一天的勞累回到家中，還要走上跑步機走動幾十分鐘，甚至一兩個小時，對使用者來說是很糟糕的體驗，失去了娛樂本身的意義。

類似萬向跑步機的資訊輸入方式，還有 HTC 與 VALVE 合作推出的 VR 設備 HTC Vive，它除了配備常見的 VR 眼鏡和

手持控制器之外，還配有一套可以裝置在房間裡的定位系統 Lighthouse，透過雷射和光敏電阻感測器來確定房間內所有運動物體的位置，包括使用者的位置，其工作原理如下圖所示。

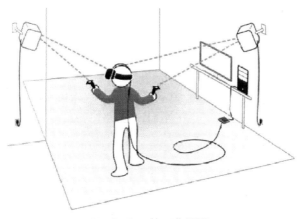

HTC Vive 的工作原理

這套系統的運動體驗，比萬向跑步機還要接近現實生活，然而，運動體驗不是使用者在使用中所遇到的全部。當使用者在家中使用 HTC Vive 時，使用者要帶上 VR 眼鏡在房間裡走動，也就意味著房間要盡可能地大，而且沒有任何雜物。這一要求對在都市謀生的消費者而言是不可能滿足的，大部分房間只有不到十坪的空間，還擺滿了家居、床等物品，實際自由活動面積通常只有可憐的幾坪；即使使用者能找到夠大的房間，遺憾的是 VR 世界中的場景通常不會只有一個房間的大小，使用者在房間裡走不了幾步就要撞到牆壁。

第 4 章　硬體裝備

　　那麼，有沒有既能配合使用者四肢動作、又不需要完全像現實一樣大幅運動的資訊輸入方式呢？這套資訊輸入方式的核心是能擷取使用者想要產生的肢體動作，同時又不用肢體產生大幅度的運動。在這方面，我們可以重新打開思路，從別的產業獲得啟發。

　　智慧義肢造福了千萬名身心障礙者，其原理是肌肉的收縮與舒張會在體表反應，透過義肢內表面附著的電極將之轉化為電訊號，指揮義肢上的各個馬達工作，最終實現對義肢的控制。智慧義肢的工作原理正是我們想實現的：只需要肢體簡單的運用，設備就能檢測到使用者想實現的動作。幸運的是，一家來自加拿大的創業公司已經在致力於運用這一原理去操作電腦。

　　Thalmic Labs 公司推出了一款資訊輸入設備，叫做 MYO 腕帶。當使用者把 MYO 腕帶佩戴在手臂上時，腕帶上的感應器可以讀取使用者手臂肌肉收縮與舒張時產生的肌肉電訊號，並將其轉化為電腦能夠理解的操作指令。

MYO 腕帶可以檢測手臂肌肉的收縮與舒張

　　根據 Thalmic Labs 公司的介紹，使用者可以使用 MYO 腕帶操作遊戲中的槍械，透過手臂上個別肌肉的收縮和舒張來開火；然而，MYO 腕帶的應用遠不止於此。約翰霍普金斯大學（Johns Hopkins University）的研究人員，成功使用兩部 MYO 腕帶幫助身體障礙者操縱義肢。同樣地，這類設備也可以使使用者躺在床上就能在 VR 世界裡行走、跑步、轉身、蹲伏等，無須在萬向跑步機上「上竄下跳」。

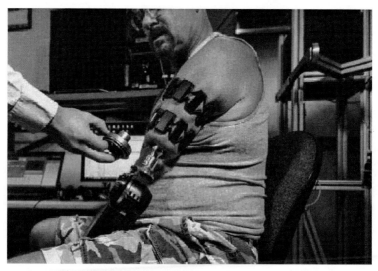

研究人員利用 MYO 腕帶幫助身體障礙人士操縱義肢

　　然而，這種資訊輸入方式也有自己的局限，目前這類設備的精密度還不高，還待研究人員繼續研發出更精密的產品；此外，使用者使用這類設備也需要為時不短的學習和適應過程，甚至需要專業、精細的測試過程。作為一個商業化產品，它所面臨的問題還有很多，無法解決虛擬實境技術的燃眉之急。

　　也就是說，短期內我們很難看到理想的 VR 資訊輸入方式誕生，這肯定會對 VR 系統的使用者體驗造成大大的打擊。不過，難道沒有理想的資訊輸入方式，VR 系統就沒有值得想像的商業價值嗎？恐怕不能這麼想，畢竟 VR 系統不是沒有資訊輸入方式，只是缺少具有現實般逼真體驗的資訊輸入方式，虛擬

實境研發可以把精力放在一些不太依賴資訊輸入的 VR 應用，一樣可以讓使用者體驗到虛擬實境技術特有的魅力和樂趣。

　　在硬體上存在種種限制的情況下，開發什麼軟體內容就很重要了。根據虛擬實境技術的特點和現今的技術缺陷，量體裁衣研發出合適的軟體內容，盡可能為使用者帶來更好的體驗，這將決定虛擬實境技術商業化的成敗與否。

第 4 章　硬體裝備

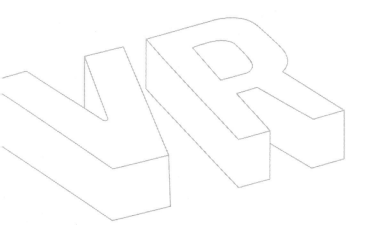

第 5 章

軟體內容

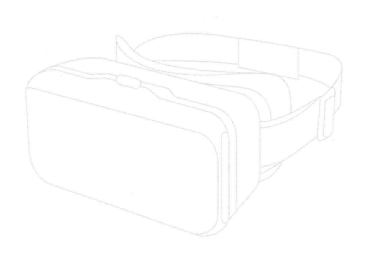

第 5 章　軟體內容

　　智慧型手機已經成為每一個現代人無法割捨的「器官」，每個人在生活中有大量的合作和娛樂需求，都是透過智慧型手機得到滿足，這一切都得益於硬體技術的突破式發展和網路通訊技術的快速進步。然而，使用者不是科學家或工程師，技術的進步與發展無法成為吸引使用者的根本理由，使用者只關心技術帶來的新奇功能和體驗，智慧型手機之所以戰無不勝，就是因為全球數以百萬計的開發者在夜以繼日地開發各種軟體應用，在軟體應用的背後還有無數的作家、導演、遊戲設計師等專業人士，努力創造大量的優質內容。

　　顯然，當使用者在商場把一套 VR 設備買回家時，他的消費理由絕不只是出色的硬體，而是他能用 VR 設備做什麼。當在智慧型手機剛剛流行的時候，它的無窮魅力在於層出不窮的應用程式，透過這些應用程式使用者可以玩遊戲、看電影、看小說、瀏覽網頁、視訊通話等，這些都是非智慧型手機時代不敢想像的新奇功能。同樣地，如果虛擬實境技術能大規模商業化，一定是因為虛擬實境業者已經為消費者準備了豐富的軟體應用，引爆了使用者的需求痛點。

　　自 Facebook 收購虛擬實境技術公司 Oculus VR 以來，投資人對虛擬實境技術的熱情被點燃，全世界掀起一股「VR 熱」，網路巨頭公司和一些新創公司都在研發虛擬實境技術和產品，致力於虛擬實境技術的商業化。然而，由於虛擬實境技術的發

展仍然面臨著許多挑戰，距離成熟商業化還有一段距離，虛擬實境業者的主要精力還是應放在技術突破上，他們對於製作軟體內容的精力投入還很少。

現今虛擬實境產業在資訊輸出方式上沒有太多分歧，通常是以頭盔或眼鏡的形式，把螢幕近距離放在使用者眼睛的前方，配合環繞立體聲耳機來實現臨場感，但在資訊輸入方式上還沒有統一標準。遺憾的是，可能短期內也不會出現理想的統一標準。因此，現今的 VR 技術更適合以資訊展示或交流為主的軟體，不適合那些重度依賴資訊輸入的軟體。

5.1 巨頭公司的選擇

著名虛擬實境公司 Oculus VR 的聯合創始人奈特·米歇爾（Nate Mitchell）在接受媒體訪談時表示，Oculus Rift 原本就是一款為電子遊戲而設計的頭戴顯示器，遊戲是 Oculus VR 公司的發展之本；出人意料的是不足半年後，Oculus VR 公司就宣布成立影片工作室 Story Studio，並於同天在日舞影展（Sundance Film Festival）首次放映其製作的第一部 VR 電影，並獲得了良好反響。

第 5 章　軟體內容

Oculus 的第一部電影 Lost，獲得良好反響

關於 VR 技術在影片領域的商業化應用，各大巨頭公司是動作頻頻。好萊塢最重要的電影公司之一 —— 二十世紀影業（20th Century Studios），將在公司旗下的創新實驗室在 VR 電影進行更多的嘗試；三星公司使用虛擬實境技術全程直播挪威冬季青年奧運；YouTube 也開發了 360°影片直播功能，為虛擬實境技術的應用打下基礎，其公司高層也多次聲稱虛擬實境是 YouTube 未來最重要的發展方向；電視傳媒巨頭英國廣播公司 BBC 和美國廣播公司 ABC 已經在製作基於虛擬實境技術播出的電視節目，美國 HBO 電視網也向外界展示了虛擬實境版的熱門電視劇《冰與火之歌》（*A Song of Ice and Fire*）。

回過頭來看看遊戲領域，電子遊戲領域產業的巨頭公司

們，對虛擬實境技術的看法就不如影片領域那麼一致。製作《刺客信條》（*Assassin's Creed*）、《波斯王子》（*Prince of Persia*）等經典遊戲的法國遊戲公司育碧（Ubisoft），其 CEO 伊夫·居里莫特（Yves Guillemot）表示育碧公司十分看好虛擬實境，正在打造多款 VR 遊戲；美國藝電公司（Electronic Arts）號稱是遊戲業界的航空母艦，其 CFO 布萊克·喬詹森（Blake Jorgensen）卻稱藝電公司在五年內不會製作 VR 遊戲，世界第一大遊戲開發商動視暴雪（Activision Blizzard）公司也針對 VR 遊戲表達了類似的觀點。

　　虛擬實境技術的資訊輸入方式沒有統一標準，是這些遊戲巨頭公司最頭痛的事情，它們擔心在理想資訊輸入方式出現之前，虛擬實境技術可能不適合大規模應用於電子遊戲，也許影片領域更適合應用虛擬實境技術。畢竟，遊戲開發商現在還無法確定玩家如何去操作遊戲內容，又怎麼能開發真正高品質、受歡迎的 VR 遊戲呢？

5.2 大有可為的遊戲

　　在筆者看來，VR 遊戲並非不能做，反而大有可為。傳統電子遊戲開發商會帶著產業慣性思維來看待 VR 遊戲，認為 VR 技術還不成熟，無法製作出真正有魅力的遊戲。事實是，如果參

第 5 章　軟體內容

照個人電腦或遊戲主機的標準，VR 技術在資訊輸入形式上的確很不成熟；但如果反觀 VR 技術在視覺體驗上的優點，並以此為參照標準，就可以發現傳統電子遊戲在「臨場感」上是徹底輸給 VR 遊戲的。因此，由於技術特點不同，傳統電子遊戲和 VR 遊戲的核心玩法和核心樂趣都不盡相同，無法簡單套用傳統電子遊戲業的思維方式來判斷 VR 遊戲的未來。

傳統電子遊戲和 VR 技術一樣，都依賴於電腦所構造的虛擬環境，提供畫面和內容。不同的是，傳統電子遊戲只能透過電腦顯示器或者電視機螢幕去展現遊戲內容，而同樣的畫面內容和場景在 VR 眼鏡中會有身臨其境的體驗魅力，在電視機螢幕上則很難吸引使用者。因此，傳統電子遊戲開發商選擇格鬥和第一人稱射擊作為遊戲的主要形式，以此提供逼真刺激的視覺體驗，就像橫行世界的好萊塢大片，都充滿著以格鬥和槍擊為主的暴力元素，這是傳統顯示器的天生缺陷所導致的必然結果。

動視公司（Activision，Inc.，2008 年與暴雪娛樂合併為動視暴雪公司）最引以為傲的《決勝時刻》（*Call of Duty*）系列，總銷量已經超過 2.5 億套，連續七年稱霸北美電子遊戲銷量榜。《決勝時刻》是一系列以戰爭為題材的射擊遊戲，玩家需要扮演士兵或特務參與各種戰爭，透過操作槍械參與激烈的戰鬥。《決勝時刻》系列一直致力於提供好萊塢大片式的視聽盛宴，《決勝時刻：現代戰爭 2》的配樂即是由好萊塢著名電影配樂人漢斯・

季默（Hans Zimmer）親自操刀製作。漢斯·季默曾為《獅子王》（*The Lion King*）、《珍珠港》（*Pearl Harbor*）、《神鬼奇航》（*Pirates of the Caribbean*）、《全面啟動》（*Inception*）等好萊塢經典巨作配樂，並曾榮獲奧斯卡最佳原創音樂獎。動視公司也曾多次邀請好萊塢編劇為《決勝時刻》系列遊戲撰寫劇情，《決勝時刻：黑色行動》和《決勝時刻：黑色行動 2》等作品，即由出品過《黑暗騎士》（*The Dark Knight*）的好萊塢編劇大衛·高耶（David S. Goyer）撰寫。動視公司也沒放過好萊塢的優秀演員，奧斯卡影帝凱文·史貝西（*Kevin Spacey*）就參與出演了《決勝時刻：先進戰爭》，在遊戲中扮演大反派。傳統電子遊戲在商業化方向的嘗試，導致遊戲越來越像好萊塢大作，這與它們的展示媒介都是平面螢幕有關係，它們只能往「大片」方向發展才能轟炸玩家感官，並掏出錢包買單。

以射擊和格鬥為核心的遊戲形式，需要玩家使用搖桿或鍵盤滑鼠操縱遊戲人物，考驗玩家的快速反應和準確操作，最重要的是，傳統的資訊輸入設備已經被硬體廠商研發至非常成熟的階段，玩家可以使用搖桿等資訊輸入設備玩個痛快。舉例來說，微軟的遊戲主機 Xbox One 搭配了一款搖桿，這部搖桿的研發費用超過 1 億美元，這一天文數字表明傳統資訊輸入方式早已經被研發至極致。

遺憾的是，虛擬實境產業還沒有如此「貴重」的資訊輸入設

第 5 章　軟體內容

備，巨頭公司剛剛加入虛擬實境產業的戰場，主要精力還放在資訊輸出設備上，即具有臨場感的 VR 眼鏡，至於資訊輸入設備，還沒有成為商業巨擘們的研發核心。因此，簡單地複製傳統電子遊戲的製作方式，無法製作出真正打動玩家的 VR 遊戲。當玩家戴上 VR 眼鏡來到如同《決勝時刻》一樣的戰爭現場，開發商如何能說服玩家使用搖桿來操縱槍械戰鬥？又如何能說服玩家使用鍵盤和滑鼠，操縱遊戲角色躲避在掩體後面，奔跑於槍林彈雨？

因此，虛擬實境產業的業者在短時間內，還無法打造像《決勝時刻》一樣非常依賴玩家操作的 VR 遊戲，這是現今的技術缺陷所導致的，但這並不代表虛擬實境技術不能用於製作出 VR 遊戲。畢竟電子遊戲被稱為第九藝術，是一個很大的藝術範疇，設計和格鬥只是遊戲類型的其中一種。

虛擬實境技術的最大特點和優點，就是人類無法拒絕的逼真視覺體驗，VR 遊戲應該抓住這一特點，讓玩家採取視覺體驗為主、操作互動為輔的方式，來感受 VR 遊戲。這類 VR 遊戲對資訊輸入的依賴程度較低，使用鍵盤、滑鼠還是搖桿來操作 VR 遊戲的影響並不大，遊戲的主要樂趣在於真實的視覺體驗。

這類 VR 遊戲的形式可以豐富多樣，例如讓玩家置身於太空戰艦的駕駛艙，探索廣袤的宇宙世界，進行太空戰鬥；讓玩

家乘上鄭和下西洋的龐大艦隊，隨鄭和一起體驗西元 1405 年的世界風情，經營大航海家的事業；讓玩家來到 1879 年的倫敦，扮演華生與大偵探福爾摩斯，一起探查犯罪現場，研究犯罪案件；讓玩家穿越回第二次世界大戰時期的德國，扮演一名納粹高官，透過劇情對話的選擇，影響遊戲中世界的未來走向等。

在筆者舉例的這四款 VR 遊戲中，玩家都可以很輕鬆的操縱遊戲內容，無論是使用鍵盤、滑鼠操縱太空船，還是使用搖桿慢慢地行走在倫敦街頭，都能讓玩家享受遊戲的樂趣。這類 VR 遊戲對資訊輸入的依賴較低，玩家可以躺在沙發上輕鬆完成所有操作。

所以，VR 遊戲並沒有如一些傳統電子遊戲業者所描述的那樣不切實際，我們有機會看到震撼玩家的 VR 遊戲大作，VR 遊戲產業也會在屆時迎來黃金發展機遇。

5.3 前所未有的影片體驗

至於虛擬實境技術在影片領域的應用，目前有兩個方向：一類是還原電影院的環境，讓觀眾置身於電影院中觀看電影；另一類是讓觀眾直接出現在影片場景中，使用者可以 360°環視周圍。這兩個方向代表著開發者對使用者需求的兩種理解，也暗含兩種不同的影片內容製作方式。

第5章 軟體內容

第一類方向的代表作品是 Oculus VR 公司發布的 VR Cinema 應用，它可以把觀眾置身於一個虛擬的電影院，觀眾不僅可以在巨大的銀幕上播放平面電影和 3D 電影，還可以在電影院中隨意走動，選擇從第一排到最後一排的任意座位。

虛擬電影院的好處，是它不需要虛擬實境業者為其專門拍攝影片內容，它可以像現實中的影廳一樣直接放映所有影片內容，開發者不用擔心影片資源短缺的問題。而且虛擬電影院也能很好的滿足觀眾的觀影需求，由於虛擬世界中的銀幕尺寸可以根據需求任意調整，只要 VR 眼鏡的螢幕解析度足夠高，虛擬電影院完全可以在視覺體驗上超越 IMAX 電影院。此外，觀眾可以隨意選擇自己喜歡的座位，點播自己想看的任意影片，不用擔心觀影現場有素養低落的觀眾發出噪音，更不用擔心因為生活在小城市或鄉村而無法找到高品質的電影院等，這些都是現實中的電影院所不能提供的體驗。

在現實生活中，一個 IMAX 影廳的成本在 1500 萬～2000 萬元，每年的維護成本也在百萬元級別；VR 虛擬電影院的成本與 IMAX 電影院比起來簡直是零成本，而且虛擬電影院的環境可以不受現實制約，它可以是在月球表面，也可以是在萬里海底，對於開發者來說都只是一段代碼而已。

全景相機透過各個方向上的鏡頭記錄下 360°的全景影片

　　虛擬實境技術在影片領域的應用還有第二個方向,即 360°全景影片,使用者可以直接出現在影片場景中,可以 360°環視周圍。此類影片是透過一個專業的全景相機來拍攝錄製,全景相機在三維尺度的各個方向上都有許多鏡頭對周圍進行拍攝,然後透過軟體演算法處理出 360°的全景影片,使用者獲得的視野就是全景相機的視野。

　　此類影片可以說是真正的虛擬實境影片,使用者可以轉動頭部看見四周的環境,彷彿身臨影片中的現場,具有極強的臨場感。然而,利用虛擬實境技術在全景影片領域的應用和發展沒有想像中的順利:首先,全景影片的資源極其稀少,虛擬實境業者需要從零開始打造影片資源;其次,全景影片的錄製方

第 5 章　軟體內容

式與傳統影片完全不同，此前的攝影方式、剪輯方式、錄音方式和演員的表演方式都不再適用於全景影片，整個產業處於人才空缺狀態；另外，全景影片的錄製成本也比傳統影片要高得多，因為全景相機會 360° 的錄下周圍所有內容，製作方必須保證錄製現場不會出現任何干擾影片內容的事物。不過，拋開這些困難，我們會發現全景影片的撒手鐧是「臨場感」，對於像演唱會現場或旅遊景點等場景，全景影片所展現的魅力遠遠超過傳統影片。

正是因為看到了虛擬實境技術結合全景影片所迸發出的巨大魅力，全球最大的影片網站 YouTube 已經支持全景影片，並聲稱虛擬實境是 YouTube 未來最重要的發展方向，緊隨其後的 Facebook 也宣布支持全景影片的播放。

對比 VR 遊戲和 VR 影片，可以發現兩者的差別並不十分明顯，兩者更像是同一事物的兩種偏向形態。VR 遊戲更注重與環境的互動，VR 影片更注重身臨其境般的視聽體驗。下面一個例子也許能讓你明白，VR 內容很可能會像電子遊戲一樣，成為與舞蹈、電影、音樂等齊肩的一種全新藝術形式，屆時人們也許會稱為「第十藝術」。

Oculus VR 公司舉辦了虛擬實境應用競賽 Mobile VR Jam，一款名為《夜間咖啡廳：向梵谷致敬》（*The night Cafe*：

An immersive Tribute to Van Gogh）的應用斬獲了應用體驗類白金獎。戴上 VR 眼鏡後，使用者來到一家夜間營業的咖啡廳，伴隨著細如流水的鋼琴演奏曲，出現在眼前的是著名梵谷畫作《夜間咖啡廳》的場景。尋覓鋼琴聲傳來的方向走去，在咖啡廳的角落看到梵谷孤獨地抽著菸斗，坐在椅子上看鋼琴師彈奏樂曲。接著梵谷走向窗邊，使用者也緊隨梵谷望向窗外，看到的是美麗而夢幻的星空，正在不可思議地流動。

該應用還原了梵谷畫作《夜間咖啡廳》所描繪的場景

孤獨抽菸的梵谷和彈奏樂曲的鋼琴師

咖啡廳的窗外是流動中的美妙星空

5.4 社交網路的演化

　　除了遊戲和影片，虛擬實境技術是否還有在其他領域的應用場景？當然有，而且非常多。這些應用場景的核心要素是影像內容的呈現，和使用者與環境的互動行為，這也是真實世界的核心基礎：看見世界，與世界互動。在 VR 世界中，除了零碎的內容和應用，還很有可能出現一種平臺型應用，它致力於利用虛擬實境技術打造一個完整的虛擬世界，滿足使用者之間的通訊社交功能。在該平臺上，使用者可以與其他使用者一起聊天、結伴去虛擬電影院看電影、在 VR 遊戲裡一同競技等，就像現實世界之外的「第二人生」。

　　一家來自美國加州的新創公司 AltspaceVR 就推出了一款 VR 社交軟體，使用者可以在虛擬世界裡與朋友面對面聊天，一起線上購物，或一起透過大螢幕觀看 YouTube 影片，甚至可以與同事參加會議。

AltspaceVR 可以讓使用者與朋友們一同進行各種活動，無須在現
實中見面

　　不難發現，虛擬實境技術在軟體內容領域大有可為，在現
有技術水準允許的範疇內，虛擬實境技術可以在絕大部分領域
大放光彩。因此，虛擬實境技術的商業化前景，也就值得人們
在當下去研究和想像了。

5.4 社交網路的演化

第三篇 消費革命：開啟商業化征途

當一項嶄新的、革命性的技術準備面向大眾，開始商業化征途時，最重要的事情不是這項技術真正適合用來做什麼，而是如何教育整個市場去接受、甚至喜愛這項技術。

在過去的商戰歷史上，不乏一些公司擁有對技術的專注和追求，並致力於將技術商業化，改變人類的生活方式。當我們翻開歷史，發現這條道路並不是十分平坦的康莊大道，而是充滿了曲折和陷阱。因此，在討論虛擬實境技術的美好商業化前景之前，我們需要拋去浮躁，思考虛擬實境技術如何才能被大眾接受和喜愛。

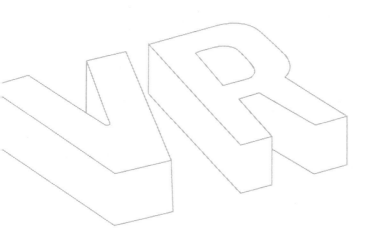

第 6 章

教育消費者

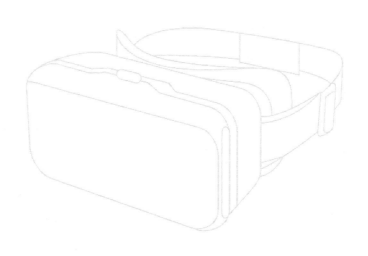

第 6 章　教育消費者

在教育消費者這件事情上，SONY 和特斯拉是值得我們關注的兩家商業公司，它們都專注於尖端科技的發展，並以傳播新技術、商業化新技術為公司目標。然而這兩家公司教育消費者的方式並不相同，面臨科技新時代的來臨，它們的態度和現況也不盡相同。

6.1 SONY：一切為了技術

在過去半個世紀裡，在大眾消費領域最執著於推出革命性新科技的公司莫過於 SONY。SONY 在二十世紀發布了隨身聽產品 Walkman，盛行全球數十年而不衰，Walkman 這一品牌名也被收錄在牛津辭典裡，成為隨身聽的代名詞，可見 SONY 在大眾消費領域的影響力。

SONY 對技術上的極致追求，源於創始人的思想風格。SONY 的創始人井深大和盛田昭夫，都自幼對電子元件有濃厚興趣，並在學生時代就開始研究和組裝電器產品。盛田昭夫出身在一個富裕的家庭，在家庭的影響下成為一個極具商業天賦的商業奇才，蘋果公司前 CEO 賈伯斯曾稱盛田昭夫是他最崇拜的商人。

井深大和盛田昭夫深刻影響了 SONY 的風格

井深大和盛田昭夫在第二次世界大戰期間同在一個軍事導彈研發小組共事，當時兩人的工作重心就是為戰爭而服務，然而兩人志不在此，感覺十分壓抑，生不逢時。1945 年，日本天皇宣布投降後，井深大和盛田昭夫沒有感到悲痛，反而感覺如釋重負，並於第二年創辦了「東通工」（東京通信工業株式會社），也就是 SONY 的前身。在公司成立之時，井深大在成立宣言中描述了 SONY 的願景：

第6章　教育消費者

SONY 的前身為東京通信工業株式會社

「建立提倡自由豁達精神的理想工廠，使每一位技術人員都能保持一種在夢想中自由馳騁的心態，將自己的技術能量最大限度地發揮。」

這段話可以說是井深大寫給技術人員的一封情書，它奠定了 SONY 半個多世紀以來的處事風格，在變幻的市場面前堅持以技術為導向，以追求極致的心態製作最優秀的產品。

SONY 創立之初的第一款產品不是數位設備，而是電子鍋。第二次世界大戰後的日本百廢待興，三菱重工率先研發出世界第一款電子鍋；而井深大也隨後研發出一款可以自動斷電的電子鍋，根據乾濕度判斷米飯生熟程度，並自動切斷電源。這一理念在現在看來稀鬆平常，但在當時是非常超前的概念。

可惜井深大沒有考慮市場的真實情況，由於該技術基於乾溼度的判斷對大米的品質要求非常高，而戰後日本處於資源匱乏階段，民眾根本沒有條件食用高品質大米，因此這款技術和理念都十分先進的電子鍋很快遭遇失敗。

SONY 成立後的第一款產品是可以自動斷電的電子鍋

後來 SONY 還嘗試了一系列產品，都因為過於專注技術、忽略市場真實需求而失敗。此時的 SONY 仍然保持高額的研發投入，市場銷路卻依舊沒有打開，SONY 一度陷入瀕臨破產的困境。直到 1955 年，SONY 成功研發出日本第一臺電晶體收音機 TR-55，才一舉扭轉了公司的困境。

SONY 選擇研發電晶體收音機是一次大冒險。1955 年，收音機在日本的普及率已經高達 74%，在所有人看來都已經是一

第 6 章　教育消費者

個接近飽和的市場，井深大和盛田昭夫卻敏銳地察覺收音機市場仍存在新商機。當時在日本占市場主導地位的是真空管收音機，它的體積巨大，可以像家具一樣擺放在房間裡，因此收音機在日本 74% 的普及率，實際上是以家庭為單位統計；而如果 SONY 能研發出小巧玲瓏的攜帶式收音機，就能改寫收音機的普及方式，以人為單位統計普及率。很快，SONY 研發出了體積小巧、無須電源線的電晶體收音機，很快搶占了以個人為單位的需求市場，並成功出口到美國。

SONY 研發出日本第一款電晶體收音機，扭轉了市場困境

在收音機產品的判斷上，SONY 第一次做到了技術與消費需求的完美結合，透過打造追求極致的產品，迎合市場的需求，爆發出旺盛的消費能量，使 SONY 在日本市場嶄露頭角。然而，真正使 SONY 收穫巨大聲望的是特麗霓虹（Trinitron）

彩色顯像技術。這一研發週期長達七年的技術，差點因井深大的技術偏執而毀掉 SONY，但也幸運地堅持到了最後。

差點讓 SONY 陷入萬劫不復的特麗霓虹彩色電視

當時，應更名為「SONY」的東京通信工業株式會社，已經在黑白電視領域小有成就；但在已經開始爆發成長的彩色電視領域，由於起步晚而落於下風。井深大在 1961 年接觸到在當時很先進的柵控彩色陰極射線管，它可以幫助 SONY 在彩色電視領域的競爭中扳回一城，盛田昭夫也很快拿下了柵控彩色陰極射線管的生產許可，但並沒有立刻投入生產。井深大不肯放棄對技術的極致追求，他認為一定有比柵控彩色顯像技術更優秀的彩色顯像技術，並花了三年研發。到了 1964 年，SONY 才研發出第一個可用的陰極射線管樣品，然而生產良率（yield）不到千分之三，也就是生產 1000 個產品中，只有 2 ～ 3 個成品可用。這是一個非常低的數字，在現代製造業，30% 的生產良率

都無法被接受。

　　在特麗霓虹彩色陰極射線管的生產良率如此低下的情況下，合適的做法應該是先生產已經成熟的柵控彩色電視，同時進行特麗霓虹彩色陰極射線管的技術改良，等到技術成熟時再投入生產。但井深大一意孤行要立刻向市場投放技術更先進、顯像效果更好的特麗霓虹彩色電視，結果就是該電視的單臺生產成本超過 40 萬日元，而定價只有 20 萬日元，在銷售出一萬三千臺電視後，SONY 仍然沒能提高特麗霓虹彩色陰極射線管的生產良率，持續的虧損導致 SONY 瀕臨破產。

　　在嚴峻形勢下，SONY 高層仍然決定從技術角度尋求突破。作為 SONY 八千名員工的領導人，井深大親自掛帥，與研發人員一起鑽研特麗霓虹彩色陰極射線管的技術。這一次 SONY 是幸運的，在公司破產前成功突破了技術，提高了特麗霓虹彩色陰極射線管的生產良率，特麗霓虹彩色顯示器也為 SONY 帶來巨大的聲望，成為 SONY 後來三十年主要的收入來源，讓 SONY 一躍成為影視產業的巨擘。

　　SONY 在過去的發展過程中，非常關注技術本身，而不太注重市場真正的需求，這也是 SONY 的發展道路時而順利時而曲折的原因。

　　但是，SONY 到了 1990 年代末期，就無法再快速地抓住

消費市場的潮流了。在 CD 大獲成功後，SONY 於 1990 年代繼續推出 MD 影片（Minidisc）作為音樂儲存介質（storage medium），它只有 CD 影片的四分之一大小，儲存空間卻和 CD 影片差不多，SONY 認為 MD 是影片的新一代演化形式，並主力推向市場。遺憾的是，當時的消費者並不想要第二個高級版的光碟機，他們想要更酷、更方便的享受音樂，而不是有多麼先進的播放器技術。

此時，在美國加州的蘋果總部，賈伯斯注意到 SONY 在音樂播放器領域所遭遇的挫折，並召集設計師和工程師研究音樂播放器。賈伯斯發現，SONY 過於關注技術本身，而沒有真正研究使用者對音樂播放器的需求，導致 SONY 推出的音樂播放器體驗極差。經過研究分析，蘋果公司選擇最新的 MP3 格式作為音樂儲存介質，在 2001 年向市場推出 iPod 音樂播放器，並很快紅遍全球，被稱為「革命性的數位設備」。

賈伯斯發布的 iPod 播放器沒有執著於技術，而是認真關注消費者需求

自從錯過新一代數位播放器之後，SONY 在個人數位設備領域的表現越來越差，錯過了液晶電視、筆記型電腦、智慧型手機等時代性機遇，在封閉狀態中獨自追求極限技術，而不關心消費者的真實想法。這種做法的結果，是 SONY 從 2008 ～ 2015 年的七年中，有六年都在虧損，虧損額共計 1.15 兆日元。

其實，不管是蘋果製作的 iPod，還是三星、LG 製造的液晶電視，抑或是蘋果、三星主推的智慧型手機，SONY 都不缺少相關的技術，甚至在技術上很有優勢。風靡全球的 iPhone 被認為是智慧型手機的頂尖工藝品，其 1300 多個零件有一半是日本企業生產的。iPhone 手機最引以為傲的手機攝影功能，其鏡

頭就是由 SONY 提供。

　　同樣的零件和技術，為什麼在 SONY 手裡就無法打造出征服市場的手機產品？這一點值得虛擬實境業者深刻思考，避免走上過於追求技術而忽略市場需求的錯誤道路。在以體驗為核心的大眾消費領域，技術不能解決一切問題，不關心使用者需求和體驗的結果，通常是慘痛的失敗。

6.2 特斯拉：也是為了技術

　　在瞭解特斯拉汽車公司之前，我們需要先瞭解其創始人伊隆‧馬斯克（Elon Musk）。伊隆‧馬斯克是美國媒體最熱捧的傳奇人物，被稱為是現實版的「鋼鐵人」，是科技界的一顆耀眼明星，甚至許多人認為，伊隆‧馬斯克對世界的影響將遠遠超過賈伯斯。Google 的 CEO 賴利‧佩吉（Larry Page）甚至表示，如果自己死了，他寧願將數十億美元的財產捐給像伊隆‧馬斯克這樣的資本家來改變世界，也不願捐給慈善機構。

　　伊隆‧馬斯克為何讓人們如此讚賞？這與伊隆‧馬斯克的個人經歷與事業有關。

　　伊隆‧馬斯克出生於南非，父親是一名工程師。十歲的伊隆‧馬斯克就擁有了自己的第一臺電腦，開始學習寫程式，並

第 6 章　教育消費者

於十二歲那年設計出一款電子遊戲，賣出了 500 美元。後來在二十一歲那年，伊隆·馬斯克依靠獎學金就讀美國名校賓夕法尼亞大學，最終拿到了物理學和經濟學的雙學位。

本來伊隆·馬斯克計劃在畢業後前往史丹佛大學攻讀能源物理博士，希望能發現比傳統電池更高效的能量儲備介質；但是在入校報到的兩天後，伊隆·馬斯克選擇輟學，當時還是 1995 年。因為馬斯克認為網路時代已經來臨了，他無法忍受只是看著網路時代過去而置身事外。他和弟弟金巴（Kimbal Musk）一起創立了一家網路公司 Zip2，並於 1999 年以 3.07 億美元的價格賣給當時世界上最大的電腦公司康柏電腦（Compaq），伊隆·馬斯克本人賺到 2200 萬美元，當時他才 27 歲。

拿到這筆巨款之後，伊隆·馬斯克並沒有開始悠閒的富貴生活，而是立刻開始下一次冒險事業。他把自己四分之三的身家都投入到新公司，致力於打造一家網路銀行，這家公司就是後來大名鼎鼎的第三方線上支付公司 PayPal。當時世界上最大的電商網站 eBay 花 15 億美元收購 PayPal，伊隆·馬斯克從這筆交易中拿到 1.8 億美元。

如果伊隆·馬斯克的故事就到此為止，那這只是一個典型的美國夢故事罷了：一個年輕人來到美國，依靠自己的努力實現富人生活。在賣掉 PayPal 之後，伊隆·馬斯克立刻拿出一億美

元，創立一家名為 SpaceX 的火箭公司，目標是透過研發可回收火箭技術，將火箭發射費用降低到原有的 1/10，並計劃在未來研發全球最大的火箭用於星際移民。為了描述 SpaceX 的公司願景，伊隆·馬斯克曾對外界說過一句非常著名的話：「我將在火星上退休。」

大名鼎鼎的 PayPal 即是由伊隆·馬斯克一手創立的

第6章　教育消費者

伊隆·馬斯克創建了 SpaceX 公司，致力於降低火箭發射成本

在瘋狂的火箭事業開啟後沒多久，2004 年，馬斯克向馬丁·艾伯哈德（Martin Eberhard）創立的特斯拉汽車公司投資 630 萬美元，並親自擔任 CEO，希望透過研發電動車以推進地球的能源結構轉型。緊接著在 2006 年，伊隆·馬斯克出資 1000 萬美元與表兄弟合夥開一家名為 SolarCity 的新能源公司，旨在為千家萬戶安裝一種分散式的大型太陽能板，如果這種太陽能板被大規模應用，它將加速永續能源時代的到來。

自從伊隆·馬斯克於 2002 年賣掉 PayPal 成為億萬富豪後，之後四年的所有商業動作，在外人看起來簡直是一則悲傷的故事，一個沉迷於妄想的年輕富豪，把上億家產揮霍在一堆不可能實現的事物上，簡直是滑稽透頂。

　　不出所料，SpaceX 和特斯拉汽車公司在短期內都沒有盈利，2008 年的經濟危機更是把伊隆·馬斯克打入谷底。很快，馬斯克已經沒有現金支撐公司的營運了，他焦頭爛額地忙於事業，妻子在這個時刻出了車禍，卻無法得到馬斯克的關心，最終他們的婚姻也走到了盡頭。馬斯克事後接受媒體採訪時說：「有一瞬間，我覺得自己一無所有。」

　　2008 年 9 月，SpaceX 公司帳面上的現金只夠發射最後一枚火箭了，而之前三次發射都慘遭失敗。如果伊隆·馬斯克選擇放棄，他還能繼續做回一個普通的富人，開著法拉利度過餘生。然而，伊隆·馬斯克選擇賣掉別墅和跑車，讓 SpaceX 發射很可能是它的最後一枚火箭。幸運的是，這次火箭發射不但成功，而且結果堪稱完美，甚至得到美國 NASA 的認可。隨後，NASA 給 SpaceX 一份大單：為宇宙太空站的美國太空人進行十二次運輸補給任務。就這樣，SpaceX 活了過來。

　　直至今天，全球掌握太空飛行器發射回收技術的只有四家機構：除了美國 NASA、俄羅斯航太總署、中國國家航天局，還有伊隆·馬斯克的 SpaceX。

　　至於特斯拉汽車公司，其所推出的第一款電動跑車 Tesla Roadster 反響平平，媒體界和汽車產業都不好看這款電動車，緊接著又趕上 2008 年的經濟危機，特斯拉汽車公司很快花光

第 6 章　教育消費者

了所有的錢。幸運的是，戴姆勒汽車公司在 2008 年向特斯拉汽車公司投入了至關重要的 5000 萬美元，讓特斯拉避免了破產結局。

2010 年，特斯拉汽車公司在美國那斯達克證券交易所上市，這是美國自 1956 年福特汽車 IPO 以後，首家上市的美國汽車公司。上市當天，特斯拉汽車公司的股價便暴漲 41%，隨後股價一路上漲，市值最高達到 300 多億美元。

其實，從伊隆‧馬斯克賣掉 PayPal 之後的一系列投資和創業行為可以看出，馬斯克根本不是一個為錢而生活的人。他極有情懷，認為網路、新能源和探索宇宙是拯救人類未來的希望。於是他創辦 Zip2 和 PayPal，利用網路技術提高社會運行效率；創辦太陽能公司 SolarCity 和特斯拉汽車公司，致力於加快能源結構轉型；創立 SpaceX 研究火箭技術，降低人類探索宇宙的成本。令人印象深刻的一件事是：伊隆‧馬斯克於 2014 年宣布開放特斯拉汽車公司的所有專利，鼓勵所有汽車廠商參與製造電動車，一起推進新能源時代的到來。

也就是說，作為中途輟學的史丹佛大學物理學博士，伊隆‧馬斯克對於技術的熱情，並不亞於 SONY 創始人井深大和盛田昭夫。伊隆‧馬斯克將上億身家全部押在新能源和可回收火箭技術上，在最窘迫的時候連汽車和房子都賣掉，以支持公司營

運。在熬過技術攻關的早期階段後，SpaceX 和特斯拉汽車公司都成功活了下來，並成為舉足輕重的產業先驅。

　　其實電動車的誕生，比我們熟知的內燃機汽車還要早半個世紀，早在 1834 年就出現了世界上第一臺電動車。在 19 世紀末、20 世紀初，由於電動車的工作原理和傳動系統都較為簡單，馬達也更安靜，沒有引擎的震動和難聞的汽油味，電動車成為當時機動交通工具的一個重要發展方向。1899 年 4 月 29 日，一家來自比利時的汽車公司生產出一輛名為 La Jamais Contente 的電動車，它以 105.88 公里 / 小時的速度更新了由內燃機汽車所保持的速度紀錄，這是汽車速度有史以來第一次突破 100 公里 / 小時的大關。

1899 年首次突破時速 100 公里的電動車 La Jamais Contente

　　可惜，電動車的黃金時代沒有持續太久。到了 1920 年代，內燃機技術的發展已經進入新階段，車主只需要為內燃機汽車加一次油，就能行駛三倍於電動車的路程，而且速度更快、成本更低。與此同時，電動車在電池技術上遲遲沒有突破，電動車的發展進入「瓶頸」時期，隨著內燃機汽車的成熟發展，市場最終淘汰了電動車。

　　1973 年爆發中東石油危機，原油價格從不到 3 美元暴漲至超過 13 美元。在這種背景下，人們又開始關注不依賴汽油的電動車，日本和美國的一些汽車廠商也乘機推出一系列的電

動車，如克萊斯勒推出的 TEVan、豐田推出的 RAV 4 EV 等，
而其中名氣最大的是美國通用汽車公司於 1996 年生產的 EV1
電動車。

然而，這些電動車都是曇花一現。電池技術仍然沒有革命
性的突破，單次續航里程只有 100 多公里，為汽車完整充電一
次需要一整天、甚至更久的時間。相比之下，消耗汽油的內燃
機汽車，單次續航里程通常超過 600 公里，油箱耗乾後只要在
加油站進行短短幾分鐘的加油，就能再次行駛 600 公里。對比
之下消費者不難做出選擇，電動車再一次被市場淘汰。

美國通用汽車公司於 1996 年推出的電動轎車 EV 1

特斯拉汽車公司引以為傲的 Model S 在技術上沒有任何重大突破

　　說到這裡就要提到本章節的主人翁——特斯拉汽車公司。特斯拉汽車公司引以為傲的 Model S 電動車，在電池技術上也沒有任何重大突破。實際上，Model S 所使用的電池就是 Panasonic 生產的 18650 鈷酸鋰電池，這是一款非常成熟、廣泛應用於手機和筆記型電腦上的鋰電池。Model S 在續航能力上仍然不及內燃機汽車，而且充電時間長達 46 小時，即使車主自掏腰包改造車庫的電路，充電時間也只能減少至 8 小時 19 分鐘，相比內燃機車主在加油站短短幾分鐘的加油時間還是太漫長了。

　　傳統汽車巨頭公司已經用沉痛的失敗結果來宣告電動車的死亡，只有電池技術有了革命性突破，電動車才有可能真正流

行。特斯拉汽車公司的神奇之處在於，他做到了所有汽車公司都無法做到的事情，將電動車推向市場，獲得媒體界和汽車界的無數讚譽，並在全世界受到狂熱追捧。可以說，特斯拉汽車公司獨自扭轉了全世界對電動車的印象。

以高級跑車形象出現在大眾面前的 Model S

Model S 的出現扭轉了大眾對電動車廉價、笨重的印象，它向外界傳達出一個清晰無比的訊號：電動車也可以是高級奢華、時尚有型的。當 Model S 以高級時尚的形象出現在大眾面前時，首先外觀上在第一時間抓住了人們的吸引力，促使人們繼續瞭解 Model S 這款車。

伊隆·馬斯克在外界面前很少談論 Model S 的環保性，更多時候談論的是 Model S 強勁的加速性能。特斯拉汽車公司在

第6章 教育消費者

2015 年發布的 Model S 最新旗艦款 P90D，時速 100 公里的加速時間只要 2.9 秒，這一加速能力和法拉利的 LaFerrari、麥拉倫的 P1 以及保時捷的 918 Spyder 不相上下。這三款車的售價都在五千萬、甚至一億新臺幣以上，而特斯拉 Model S 的定價還不到五百萬新臺幣。

高級時尚的外形、世界頂級的性能，讓特斯拉 Model S 一瞬間成為媒體界和汽車迷的焦點，收穫了專業人士和死忠粉絲的良好口碑。至於 Model S 不足五百公里的續航里程和漫長的充電時間已經被大眾拋在腦後，大眾所討論的是 Model S 的跑車外形、強勁性能以及合理價格，對於大眾而言，Model S 本身是不是電動車反而不那麼重要了。此時，大眾已經忘記傳統電動車廉價、笨重的形象，愛上了 Model S 為代表的新型電動車。

說到這裡，想必你能明白伊隆‧馬斯克在推廣電動車所花費的良苦用心。馬斯克準確抓住了大眾的心理特點，揚長避短地研發出大眾喜愛的電動車，並透過一系列成功的行銷公關，扭轉了大眾對電動車的負面印象，讓媒體與大眾狂熱地追捧 Model S 電動車。

如果你認為這些就是伊隆‧馬斯克在推廣電動車上所使用的所有手段，你顯然低估了伊隆‧馬斯克的精明程度。如果不

告訴人們 Model S 是一輛電動車，誰也無法從外觀上一眼看出 Model S 的真實身分，因為它看起來和使用內燃機的高級跑車沒有任何區別。然而，電動車一定要設計成傳統汽車的模樣嗎？

如今所有內燃機汽車的外形都是大同小異的結構：前面是一段長長的車頭，中間是供人乘坐的駕駛艙，尾部是有一定長度的行李廂。內燃機汽車之所以是今天看到的這副模樣，是因為內燃機汽車必須要有駕駛艙以外的空間，來放置巨大的引擎和複雜的傳動系統，為了減少引擎的震動對乘客的影響，引擎還要遠離駕駛艙。這樣一來，汽車就變成我們現在看到的狹長形狀，實際乘坐空間並不大。動輒四五公尺的車身長度，不僅不能讓四位乘客輕鬆自在地坐著，而且還給車主的駕駛和停放都帶來巨大麻煩。

比起內燃機汽車的複雜結構，電動車的機構要簡單得多。以特斯拉的 Model S 為例，它的馬達只有西瓜大小，傳動系統也十分簡單，電池也只有一塊厚鋼板的體積。按照電動車的機構特點，電動車完全沒必要保留笨重的車頭和車尾，整個電動車的絕大部分體積都可以被利用成駕駛艙。

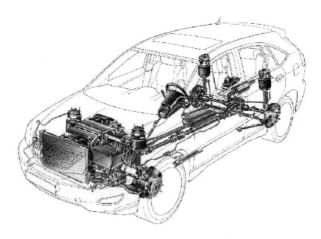

內燃機汽車為了安置巨大的引擎，車身只能拉長，實際乘坐空間並不大

特斯拉 Model S 的車身結構極其簡單，主要是西瓜大小的引擎和一堆電池

　　梅賽德斯─賓士（Mercedes-Benz）在美國拉斯維加斯的國際消費電子展（International Consumer Electronics

Show，CES）上發布了全新的 F015 電動概念汽車，採用氫動力燃料電池作為能量來源，配合兩臺馬達來驅動汽車。F015 的外形是賓士從技術角度所研發、電動車真正應該有的外形。由於沒有巨大的引擎和複雜的傳動系統，F015 的外形設計沒有太多限制，因此被設計成符合流體動力學的子彈頭形狀，它所受到的空氣阻力遠小於傳統內燃機汽車。

同時，賓士還替 F015 設計了一個像起居室一樣誇張的超大駕駛艙，這是同級別長度的賓士 S 級豪華轎車也沒法與之相比的寬敞空間。這是得益於馬達的超小體積，使電動車不必留出長度一公尺左右的引擎艙。

F015 擁有風阻係數極低的子彈頭外形

第 6 章　教育消費者

沒有內燃機汽車上的巨大引擎，F015 的駕駛艙驚人的寬敞

　　伊隆·馬斯克作為一家汽車公司的 CEO 和一位技術狂，他比世界上任何一個人都清楚電動車真正的理想形態是什麼模樣。然而，特斯拉汽車公司從第一款汽車開始，就選擇把電動車打造成傳統汽車的樣子，不但如此，伊隆·馬斯克還將電動車的外形打造的比大部分傳統汽車還要高級奢華、動感時尚。

　　我們可以想像一下：同樣是電動車，在不考慮價格因素的情況下，大眾消費者在高級時尚的特斯拉 Model S，和極富科幻感的賓士 F015 之間會選擇誰？當然是看起來像高級跑車的 Model S，雖然誰都知道 F015 的空間更大，外形更符合流體動力學。

　　伊隆·馬斯克認為，電動車在現階段還是新鮮事物，電動車最好還是以傳統汽車的形象出現，符合人們對汽車的傳統認

識，這樣才能消除人們對新鮮事物的牴觸心理，最終在不知不覺間習慣、甚至愛上電動車。

也就是說，伊隆‧馬斯克敏銳地發現了現今大眾消費者的真實需求：買一輛高級時尚、性能強勁的汽車。一輛標榜清潔環保的電動車並不是大眾想要的汽車，更何況電動車的續航里程和充電時長都還十分糟糕，伊隆‧馬斯克透過模糊電動車與傳統汽車的邊界，讓消費者以購買傳統汽車的心態去購買特斯拉電動車，讓消費者在不知不覺中接受了電動車，促進了能源結構轉型。

在 Model S 系列大獲成功之後，特斯拉汽車公司於 2016年開始發售的新款 SUV 電動車 Model X，它仍然選擇了傳統 SUV 汽車的外形，仍是以高級奢華的形象出現在大眾面前。讓那些本來就考慮購買高級 SUV 的潛在消費者，轉過頭來購買更酷炫、更環保的特斯拉 Model X。

第 6 章　教育消費者

特斯拉的新款 SUV 電動車 Model X 看起來比傳統 SUV 汽車還要
時尚奢華

　　在教育消費者接受電動車這件事上，無數汽車巨頭公司都
慘遭失敗，而既缺少資金也缺少革命性技術突破的特斯拉汽車
公司，卻讓全世界的消費者熱情追捧電動車。

　　就像電動車是汽車的下一個演化方向，虛擬實境技術作為
電腦的下一個演化方向，它的普及是不可阻擋的趨勢。然而，
虛擬實境技術在現階段，是比電動車還要新穎的事物，虛擬實
境設備和應用如何以符合大眾傳統認知的形象出現，抓住大眾
既有的消費需求和心理，最終讓虛擬實境技術能遍地開花，這
是每一個虛擬實境業者都需要考慮的核心問題。

第 7 章
虛擬實境：如何被市場快速接受

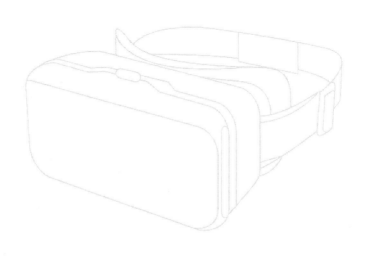

第 7 章　虛擬實境：如何被市場快速接受

虛擬實境在硬體和軟體上的理想形態已經在前文中詳細描述；然而，在大眾消費領域，新鮮事物的出現不會立刻被消費者所接受，這需要漫長的時間來讓大眾熟悉。然而，市場不會等待消費者慢慢接受虛擬實境，而是會從各方面推廣，讓大眾為虛擬實境產品買單。

就像特斯拉汽車公司的電動車一樣，最好的推廣是產品本身。值得一提的是，特斯拉是一家號稱「廣告預算為 0」的汽車企業，不在媒體宣傳上花一分錢，因為在特斯拉看來，既符合大眾胃口又具有顛覆性的產品，本身就是最好的廣告。同樣地，虛擬實境技術本身具有極強的「吸睛」效果，業者只需要往正確的方向打造虛擬實境產品即可。

7.1 硬體裝備

在大眾消費領域，外型和使用方式是一款新產品核心競爭力的一部分。與小眾消費品不同，對大眾消費領域而言，「最好的設計」不是指技術上的完美解決方案，而是指符合大眾消費心理的完美解決方案。

在大眾消費領域，目前最受歡迎的數位消費品無疑是智慧型手機。根據市場調查公司 Gartner 發布的報告，光是 2014 年全球智慧型手機的銷量就已經超過 12 億，手機作為一款現象級

的大眾消費品是極為成功的。

如果回顧手機的發展史，會非常清晰地發現手機也是由小眾走向大眾，在智慧型手機時代迎來大爆發，同時手機的外觀設計和使用方式也在悄然變化。

前 Motorola 副總裁馬丁·庫珀（Martin Cooper）於 1973 年研發出世界第一款手機的原型 DynaTAC 8000X，並用它打出了世界上第一通來自手機的電話。然而，這款手機直到十一年後才開始正式發售，價格甚至為驚人的 3995 美元，相當於現在的 9500 美元，在美國可以購買一輛很不錯的二手汽車了。除了價格因素以外，阻礙大眾消費者接受這款手機的原因，主要是巨大到誇張的笨重外形，這種「大哥大」很快就被市場淘汰。

手機之父馬丁·庫珀發明了世界首款手機 DynaTAC 8000X，外形十分笨重

曾經連續十七年銷量世界第一的手機王者 Nokia，在 1987 年推出了第一款手機 Mobira Talkman，它在通話時間上有顯

著提高，能支持數小時的通話。遺憾的是，Mobira Talkman 的體積比 Motorola 的「大哥大」 DynaTAC 8000X 還要大很多，在現在看來完全是一個笑話，所以 Mobira Talkman 並沒有為當時瀕臨破產的 Nokia 帶來轉機。

Nokia 發布的第一款手機 Mobira Talkman，擁有誇張的巨大體積

Nokia 於 1992 年推出的 Nokia 1011，具有革命性的便攜和小巧的特點

革命性的突破出現在 1992 年，Nokia 發布了世界上第一款攜帶式行動數位電話 Nokia 1011。與 Motorola 的 DynaTAC 8000X 和 Nokia 此前推出的 Mobira Talkman 相比，它在體積上可以算得上是小巧玲瓏，把手機塞進口袋成為可能，使用者在用 Nokia 1011 打電話時也不再引人注目。Nokia 1011 的出現確立了手機的發展方向，也奠定了 Nokia 在手機產業的地位。

在之後的十幾年時光裡，Nokia 牢牢占據手機產業王者的地位，發布的手機越來越小巧，全世界的消費者都開始接受只有巴掌大的手機，使用手機通話和收發簡訊已經成為人們生活的一部分。在蘋果公司把 Nokia 從手機王者的寶座上踢走之前，Nokia 所發布的手機一直致力於滿足人群的個性化需求，不停發布各種顏色和外形的手機，以至於不少手機使用者吐槽 Nokia，將 Nokia 喊出的口號「科技以人為本」戲稱為「科技以換殼為本」。

後來，從未涉足手機領域的蘋果公司，於 2007 年發布了第一款智慧型手機 iPhone，隨後在不到四年的時間裡取代 Nokia 成為世界第一大手機公司。Nokia 則一路衰退，曾經不可一世的手機霸主，最終於 2013 年宣布將手機業務全線出售給微軟。

iPhone 擊敗 Nokia 的原因是全方位的，從軟硬體實力、供應鏈整合能力，再到媒體公關部分，都遠遠強於保守過時的

Nokia。而 iPhone 之所以成為大眾消費領域的顛覆性產品，使用者所感知到的並不是供應鏈整合能力或軟硬體技術參數的強大，而是 iPhone 絕佳的時尚外形，以及從人出發、十分自然的操作方式。

iPhone 能如此成功地快速征服全世界各個國家、各個年齡層、各種社會身分的消費者，在數位產品領域前所未有。iPhone 的硬體外觀並沒有使用任何花俏的革命性設計，而是使用了最保守傳統的圓角矩形，搭配以提升質感的金屬和玻璃，並在每一個細節大力提升產品格調。經過這樣的設計，iPhone 不僅可以出現在年輕人的手裡，也可以出現在中老年人手中；不僅可以出現在商務場所，也可以出現在酒吧裡。不管在哪裡出現、在誰手裡，iPhone 的外形永遠不會讓人覺得突兀。

用一句話形容 iPhone 的設計風格就是「不犯錯」，因為 iPhone 的外觀既不會得罪任何一個群體，也不會與任何一個場所產生矛盾。當然，iPhone 也不會特別適合於某一類群體或場所，它永遠以一種貼近生活的「中庸」形態出現，而這才是大眾消費領域的產品應該有的形態。

如果對比 Android 歷代的旗艦機，你就會明白 iPhone 的設計風格是多麼的精明。例如，HTC 的 Desire HD 曾被譽為 2010 年的年度機皇。Desire HD 的外形走向極端，具有非常強

的科技感，也符合其 Android 機皇的身分；然而 Desire HD 的問題是，過於濃郁的科技風格並不是大眾消費者想要的產品，似乎只有追逐新潮數位產品的消費者才能使用，不管是中年職場人士，還是想要追趕時代的老年人，拿著 Desire HD 都會顯得很奇怪，甚至有些滑稽。

實際上，整個 Android 陣營的廠商在早期所生產的手機都是類似的風格，盡可能地製造外觀新潮、富有科技感的智慧型手機。結果是：Android 陣營的手機外形風格，沒過幾年就集體轉向以 iPhone 為代表的「不犯錯」風格。三星還因其旗艦手機 Galaxy S 的外形過於接近 iPhone，而被蘋果告上法庭，最終美國法官判處三星向蘋果支付 9.3 億美元的罰金。這恰恰反映了三星採用「不犯錯」風格後所獲得的巨大成功，三星透過 Galaxy S 在智慧型手機時代搶占一席之地，並且堅持走「中庸」的軟硬體設計風格，很快成為世界銷量第一的手機公司。

透過手機的外形演變歷史，可以發現一類新鮮事物想要在大眾消費領域被廣泛接受，它所面臨的挑戰是極其複雜的。大眾消費者並不容易被說服嘗試新鮮事物，廠商在設計大眾消費領域的產品時，在功能上可以盡可能創新，但在硬體外觀和使用方式上並不需要太多創新，而是要盡可能地接近使用者的習慣和對事物的傳統認知。就像前文中提到的特斯拉電動車，伊隆馬斯克在推廣新能源技術上極其賣力，但在汽車外形的設計上

又十分保守，把電動車做成傳統豪華跑車的模樣，目的就是克服大眾對新鮮事物的牴觸心理。

手機的外形演變歷史

在互動方式上，iPhone 也為所有的手機廠商上了一課。在 iPhone 風行之前的 Nokia 時代，市面上流行的主流手機是鍵盤手機，使用者透過點按鍵盤上的按鍵來操作。對於年輕人來說，複雜的鍵盤按鈕難不倒他們，但很多年齡稍長的消費者一直無法熟練地使用，因為按鍵太多太複雜，難以學習理解。大部分年齡稍長的消費者不輕易更換手機，原因之一即是高昂的操作學習成本，換一部手機，意味著從頭開始學習手機上的按鍵和相應的功能。

到了蘋果發布 iPhone 的時候，一切規則都變了。賈伯斯拋棄了 99% 的按鍵，只留下機身側面的電源鍵、音量鍵、靜音鍵以及正面唯一的按鍵 —— Home 鍵。電源鍵、音量鍵和靜音鍵是任何人都能明白的按鍵，賈伯斯在此基礎之上只添加了一個用於關閉程式的 Home 鍵，其餘的操作一律透過對螢幕的觸摸進行。

賈伯斯認為，觸摸是所有人類的本能，人類不需要經過任何訓練，也能根據圖像引導觸摸操作。基於這個邏輯，賈伯斯決定讓 iPhone 手機螢幕上所顯示的圖像來引導使用者點擊螢幕，並實現相應的功能。使用者不需要記住任何按鈕或操作順序，因此下次他可以繼續透過圖像引導來操作手機。

在硬體外觀和互動方式上的反例是著名的 Google 眼鏡（Google Glass）。Google 於 2012 年 4 月發布了這一具有革命性技術突破的擴增實境（Augmented Reality，AR）產品，引爆了科技界對 Google 眼鏡和 AR 技術的熱情。然而，在 2015 年 1 月，Google 停止銷售 Google 眼鏡，並撤銷了 Google 眼鏡的軟體開發小組。

Google 眼鏡是一款配備了電腦功能的智慧眼鏡，鏡片上配有一個微型顯示器，可以將圖像內容投射到使用者右眼上方的小螢幕上，它能實現智慧型手機的部分功能。

曾被寄予厚望的 Google 眼鏡最終「出師未捷身先死」

　　比如視訊通話、拍攝照片、發送簡訊、查看導航等應用，使用者可以透過語音對話控制 Google 眼鏡。比如使用者可以說出「OK,Glass」來開啟 Google 眼鏡，然後說出「Take a picture」讓 Google 眼鏡拍攝照片。一些業內人士認為 Google 眼鏡在這些常見功能上比手機更貼近人的使用習慣，也更方便。

　　誠然，在手機上使用這些功能，使用者需要掏出手機、然後解鎖螢幕、找到相應的程式、在鍵盤上輸入一堆文字，這才算結束。有了 Google 眼鏡，使用者只要透過語音對話就能在 Google 眼鏡上收發簡訊、查找地圖，無疑是方便了許多。以攝影為例，使用者再也不會因為跑步或正在開車而錯失一些珍貴的瞬間，隨時隨地都可以透過一聲「OK,Glass」使用 Google 眼鏡記錄眼前的畫面。

　　然而，大眾消費者並不領情，他們寧願選擇掏出手機笨拙地完成所有操作，也不願意使用更貼心方便的 Google 眼鏡。在美國，一些公共場所直接驅趕任何佩戴 Google 眼鏡的消費者，許多酒吧、餐廳、咖啡廳以及電影院都對 Google 眼鏡說不，可見大眾對 Google 眼鏡的討厭程度之深。

Google 眼鏡的使用者並沒有廣告圖上的模特那麼開心，他們處處
不受歡迎

　　Google 眼鏡究竟做錯了什麼？從技術角度來看，Google 眼鏡帶來了革命性的技術突破，解放了人類的雙手，讓電腦以更方便的形式出現在使用者眼前，Google 眼鏡沒有犯任何技術方面的錯誤，它給使用者帶來了技術上接近完美的解決方案；但是從大眾消費心理的角度來看，Google 眼鏡幾乎沒有一項是

正確的，因為它觸犯了大眾消費心理的大部分禁忌。

　　首先是 Google 眼鏡的硬體外觀。科技界的極客們看到 Google 眼鏡時整個人都是興奮的，他們覺得 Google 眼鏡很酷，是真正的未來。然而大眾在看到 Google 眼鏡時的第一反應是：這是什麼東西？它看起來像是眼鏡，但又不是眼鏡，看起來更像是醫生在手術時使用的專業醫學器材，或者是科幻電影中太空站裡才會使用的高科技眼鏡。

　　實際上，Google 眼鏡的設計非常酷，也極富科幻感，大部分人很樂意讚美 Google 眼鏡，但真要是讓他們買一副 Google 眼鏡並在大街上戴著，卻沒幾個人會願意。要知道在大眾消費領域，消費者從來不為「酷」和「科幻感」買單，他們只接受熟悉的事物，不願因為使用產品而受到周圍人異樣的目光。

　　在使用方式上，Google 眼鏡可謂是高調到極點。使用者想要在公共場合使用 Google 眼鏡，必須大聲「自言自語」才能做到，這種行為就像是在餐廳大聲討論自己的精品皮包是花了多少錢買的一樣，簡直是生怕旁人不知道自己在使用 Google 眼鏡。如果你是一個狂熱的數位極客，也許你會享受這種狀態，但我們研究的對象是大眾消費者，他們可不會認為如此高調地使用 Google 眼鏡是一件好事。

　　可見，從大眾消費心理的角度來看，Google 眼鏡簡直是失

敗到極點的商業產品，大眾消費者很難對 Google 眼鏡產生掏出錢包消費的慾望。不難理解，大眾為何會選擇使用手機而不是 Google 眼鏡，雖然手機的操作比 Google 眼鏡麻煩的多，但手機至少看起來一點也不奇怪，使用起來也不奇怪。

這也是筆者不看好 AR（擴增實境技術）眼鏡的原因。以智慧眼鏡為例，它必須看起來與普通眼鏡無異，才能在外觀上被大眾接受，但是這對硬體微型化的技術要求非常高，在資訊輸入方式上也需要放棄突兀的語音控制或手勢識別，只能用看起來非常自然的方式 —— 比如觸摸，這一方式的受歡迎程度已經在手機上得到印證了。

微軟公布並演示了旗下的 AR 設備 Hololens，這款 AR 眼鏡有著誇張的體積和炫目的外形，使用者可以透過 Hololens 眼鏡在現實世界中看見虛擬的全息投影，透過手勢來操作投影內容。在 Hololens 眼鏡發布之後，它不出意外地收穫了科技界的溢美之詞，極客們暢談 Hololens 眼鏡對人類生活與工作方式的影響，探討這款 AR 眼鏡將如何提高人類的生產力水準。

第 7 章　虛擬實境：如何被市場快速接受

Hololens 被視為最重要的 AR 產品之一

在筆者看來，Hololens 眼鏡在進攻大眾消費領域的進展不會一帆風順。AR 擴增實境技術顧名思義，就是讓使用者在現實生活中使用虛擬的產品，它可以顯示一些逼真的立體圖形，更好地服務於現實生活。然而問題是 Hololens 眼鏡有著比 Google 眼鏡還誇張的外形和體積，筆者想像不到會有多少消費者會願意戴著 Hololens 眼鏡去公司上班或逛街消費。

Hololens 眼鏡的互動方式也比 Google 眼鏡還要更誇張，它配備了多個感測器，可以擷取使用者的手勢動作，使用者需要對著空氣做出特定的手勢動作來操作這款 AR 眼鏡。想像一下，在一家咖啡廳裡，一個人戴著 Hololens 眼鏡坐在你對面，全程舉著雙手對著空氣揮舞，你會不會覺得這種行為看起來很傻？

因此，當微軟向大眾消費市場推出 Hololens 眼鏡時，大眾消費者對新鮮事物的牴觸心理就會阻礙這款 AR 眼鏡的商業化。在大眾消費領域，Hololens 眼鏡還有很長的路要走，現今的產品形態恐怕還不能讓大眾消費者滿意。考慮到這款 AR 眼鏡在 3D 建模和模型展示上的優勢，Hololens 眼鏡可能會在一些專業領域找到廣闊的市場。

比起 AR 設備，VR 眼鏡要幸運得多。VR 技術的核心是讓使用者有沉浸式的感官體驗，這意味著使用者需要戴上覆蓋雙眼的 VR 眼鏡，切斷與現實世界的聯繫，沉浸在虛擬世界裡。因此，使用者根本不會考慮在公共場所使用 VR 眼鏡，它的使用場所只會是臥室、客廳等私密場所。也就是說，消費者既不會過多考慮 VR 眼鏡的硬體外形和使用方式是否「奇怪」，也不會對 VR 眼鏡產生太嚴重的牴觸心理，消費者更關心的是 VR 設備的功能和實際體驗。

因此，VR 眼鏡的硬體外觀只要做到使用者獨自使用時可以接受即可，在此基礎上，盡可能地讓 VR 眼鏡的外形貼近生活，具有日常用品的氣息。透過 VR 眼鏡的硬體外形傳遞給消費者一個心理暗示：購買 VR 眼鏡，就像是購買一套音響或一臺 iPad 一樣稀疏平常，是生活中非常常見的數位消費品。

HTC 推出的 VR 設備 HTC Vive，收穫了一些業界人士在

技術方面的讚譽，但 HTC Vive 在外觀上還是太冰冷嚴肅了，看起來像是一款應用於研究領域的專業設備，似乎和大眾消費者沒什麼關係，難以讓消費者產生消費慾望。

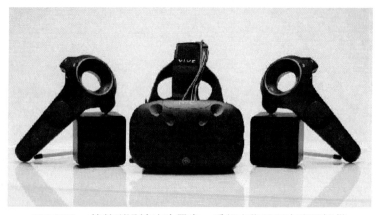

HTC Vive 的外形過於冰冷嚴肅，看起來像是研究專用設備

SONY 公司推出的 PlayStation VR，在外型上比 HTC Vive 要美觀很多，能激起一部分消費者的消費慾望；但問題是 PlayStation VR 的外形過於科幻，給人感覺像是好萊塢科幻片《機器戰警》（*RoboCop*）裡的未來戰警，似乎只有模特和演員才適合，大眾消費者可能會認為這款 VR 眼鏡與自己有些距離。

SONY 推出的 PlayStation VR 科幻感十足

　　筆者認為，過於冰冷嚴肅和過於科技感的外形，都不利於 VR 眼鏡進攻大眾消費市場，所有在大眾消費領域取得巨大成功的產品，其形態都是貼近生活的。VR 眼鏡沒必要在外形上突出科技感，讓技術更好地為生活服務，才是一款產品能夠征服大眾消費市場所具備的產品理念。

7.2 軟體內容

　　談到 VR 技術在軟體方面的應用，許多虛擬實境業者都會興奮起來，熱烈討論著 VR 技術在幾乎每一個領域都能創造巨大

的商業價值。畢竟，VR 技術所創造的是一個全新的虛擬世界，它比現實世界更自由、更靈活，結合網路技術可以讓使用者在 VR 世界裡享受教育、遊戲、影視、旅行等服務，甚至還能讓一些使用者透過 VR 技術在家上班。

然而，在虛擬實境產業的初期發展階段，理想是美好的，現實可能會很殘酷。市場和消費者是在動態變化的，虛擬實境技術也在不停地更新迭代，業者在當下所應該關心的不是虛擬實境技術能做哪些事，而是如何在現今的技術水準下，根據大眾消費者的心理，快速教育使用者接受、甚至是主動追逐虛擬實境產品。

還記得伊隆·馬斯克是如何讓全世界追捧電動車的嗎？現今虛擬實境技術在商業化上面臨的情況，與早期的特斯拉電動車十分相似：大眾消費者對 VR 技術沒什麼概念，對 VR 技術能做的事情還不太瞭解，媒體界對虛擬實境的報導只是過於關注硬體本身，報導的內容通常是一堆讓大眾消費者一頭霧水的技術名詞和數據。因此，我們需要再次簡單回顧一下電動車的商業化過程，從中發現解決問題的規律。

還記得賓士推出的電動概念車 F015 嗎？賓士的設計師透過 F015，完美指出了電動車真正應有的形態；然而問題是，現有內燃機汽車的外形是過去上百年的演變結果，所有人都已經

習慣了傳統汽車的外形，也都有購買傳統汽車的需求。如果電動車堅持以 F015 的形態面向大眾消費市場，大眾必須要做出選擇：我是要傳統汽車還是電動車。在大眾還不太瞭解電動車的階段，大眾消費者不太可能會選擇陌生的電動車。

特斯拉電動車的成功之處在於，它模糊了電動車與傳統汽車的邊界，特斯拉汽車公司的設計師們按照傳統汽車的特點去打造一款電動車，並且連電動車的亮點和噱頭都是按照傳統汽車去設計的 —— 高級時尚的跑車外形和極致的加速性能。大眾消費者在面對特斯拉電動車時，所感知到的其實是一款使用了新技術的傳統汽車，消費者在選擇時並不會太過於糾結電動車本身，更多的是關心價格、汽車外形和加速性能等。

就像在智慧型手機剛興起的時代，很多業內人士就已經指出智慧型手機的終極形態是人與人、人與物、人與資訊的連接器，智慧型手機所帶來的行動網路世界無所不包。然而，大眾消費者並不會看到那麼遠，他們最開始看到智慧型手機時，所想到的是一款掌上遊戲機、一臺輕薄的攝影機、一部可以免費通話的對講機等。當大眾消費者因為遊戲、攝影等需求購買了智慧型手機後，在漫長的日常使用中才漸漸明白智慧型手機的巨大影響力：它催生了顛覆傳統媒體的新媒體產業，誕生了挑戰傳統金融業的網路金融，出現了影響社會輿論與風向的社群軟體……

第 7 章　虛擬實境：如何被市場快速接受

　　虛擬實境產業現在面臨的問題，與早期的智慧型手機和電動車所面臨的問題是一樣的。作為新鮮事物，不要指望大眾消費者能深入瞭解虛擬實境技術，虛擬實境業者需要以「曲線」的方式讓大眾消費者接受虛擬實境產品，並在漫長的日常使用中發現虛擬實境應用的理想形態，應該是一個無所不包、無所不能的虛擬世界。

　　因此，在虛擬實境業者大談美好前景之前，最好先想清楚哪些方向是產業早期的發力點和引爆點。不管是遊戲、教育、影視還是電商，虛擬實境業者總要找出一個領域重點發力，快速打中消費者的痛點需求，並帶領整個虛擬實境產業邁進大眾消費者的視野。

　　透過特斯拉電動車和智慧型手機的例子，筆者總結了一款新穎產品被大眾消費者接受所需具備的兩條標準。

　　(1) 產品所滿足的需求是非常大眾化的，並且該需求在傳統領域已經有成熟的解決方式。

　　(2) 產品在綜合體驗上遠遠超過傳統領域的同類產品。

　　智慧型手機因為能滿足攝影、遊戲等非常大眾化的需求，而且使用者在生活中已經習慣透過數位相機和遊戲機等解決這些需求。當智慧型手機以綜合體驗更佳的想像出現在消費者面前時，消費者當然會有買單的衝動。

特斯拉電動車也是如此。所有成年消費者都想要一輛傳統汽車，於是特斯拉電動車就將自身定位為一輛傳統汽車，在奢華形象和加速性能上與數百萬級的跑車不相上下，提供了遠遠超過同價格傳統汽車所能提供的體驗。

如今，大部分虛擬實境業者都把遊戲當作宣傳上的噱頭，甚至是公司業務的核心。比如著名虛擬實境公司 Oculus VR 的聯合創始人奈特·米歇爾，就曾聲稱 Oculus Rift 是一款為電子遊戲而設計的頭戴顯示器，遊戲是 Oculus VR 公司的發展之本；SONY 和 HTC 在發布 VR 眼鏡時，也都是透過 VR 遊戲來演示設備的性能和玩法。

那麼，VR 遊戲能否滿足筆者提出的兩條標準？毫無疑問，玩電子遊戲是很多消費者的需求，為此還衍生出一個龐大的遊戲產業。然而，在現有技術水準下，VR 遊戲的體驗不一定能超過傳統電子遊戲。大眾玩家在傳統 PC 和遊戲主機上已經習慣了射擊和格鬥遊戲，如果 VR 以遊戲的形象出現在大眾面前，他們將發自本能的想要體驗射擊類和格鬥類 VR 遊戲。然而，VR 技術目前還缺少理想的資訊輸入方式，帶有射擊和格鬥元素的 VR 遊戲體驗會非常差，會出現頭暈現象。一些資深玩家對 VR 遊戲已經提出了抱怨和批評，認為現今 VR 技術的資訊輸入方式都不適合用來玩遊戲，因為射擊類和格鬥類遊戲對操作的要求非常高。

此外，玩家群體還不夠「大眾」，畢竟不是所有人都是資深玩家，非玩家群體不僅對 VR 遊戲的消費意願較低，而且還可能會因為部分遊戲的負面形象對 VR 產品產生偏見。因此，VR 遊戲不太可能在早期就能打動大眾消費者，並鼓勵他們扔掉遊戲主機購買 VR 設備。

值得注意的是，Oculus VR 公司作為一家聲稱以遊戲作為公司發展之本的虛擬實境公司，卻在 2015 年 1 月宣布成立 VR 影片工作室 Story Studio，並於同天在日舞影展首次放映其製作的首部 VR 電影 Lost，且獲得了良好反響。傳統電子遊戲廠商如美國藝電公司和育碧公司等都只專注於電子遊戲，並沒有涉足影視業務；而不缺錢也不缺遊戲人才的 Oculus VR 公司，卻在 VR 遊戲業務之外新開闢了 VR 影片業務，這也許代表著 Oculus VR 公司高層對 VR 影片領域特別看好。

因此，我們再來根據前文提出的兩條標準對 VR 影片進行分析。看影片應該是最大眾化的使用者需求了，VR 影片目前有兩個方向：一個是透過虛擬實境技術打造一個虛擬電影院，讓使用者不出家門就能享受到 IMAX 電影院的視覺體驗；另一個是 360°全景影片，使用者直接出現在影片場景中，可以 360°環視周圍，擁有非常真實的臨場感。

不管是哪一個方向，VR 影片在綜合體驗上超越大部分實體

電影院是事實。以虛擬電影院為例，開發者可以透過虛擬實境技術打造理論上無限大的螢幕，完全不受現實生活中的物理法則制約。雖然目前 VR 眼鏡在螢幕清晰度上還存在軟肋，但這也幾乎是 VR 眼鏡在影片領域的唯一軟肋了，一旦 8K 和 16K 解析度的螢幕能成熟量產，VR 影片在視覺體驗上將超越 IMAX 電影院。

VR 影片的另一個方向是 360°全景影片，它的體驗是革命式的突破。影片製作方的目標不再是滿足使用者的雙眼，而是「欺騙」使用者的大腦，讓使用者以電影主人翁的身分出現在一系列場景之中，經歷一個完整的故事。整個體驗流程就像是使用者在現實世界裡的真實經歷，達到真假難分的程度。

在虛擬電影院和全景影片之間，前者更適合虛擬實境業者在商業化的早期階段嘗試。此類應用只需要開發一個虛擬的電影院，影片資源不需要額外製作，而直接使用大量的傳統影視資源。從長遠的趨勢來看，全景影片更有可能成為取代虛擬電影院成為 VR 影片的終極形態。傳統的影視內容讓觀眾感覺是置身之外的旁觀，而 3D 電影只不過是在視覺上提供了立體效果就已經紅遍全球，一旦當高品質的全景影片出現時，其逼真體驗定會超越其他所有影片體裁。

然而，如果有創業者在虛擬實境產業的初始階段選擇進攻

全景影片領域，他可能會遭遇一些難以克服的挑戰。全景影片是一類全新的影片體裁，整個影視產業需要提供相應的人才與技術，才能保障全景影片的高品質水準。遺憾的是，目前影視製作產業的攝影方式、剪輯方式、錄音方式和演員的表演方式等，都不適用於全景影片的製作，專業人才與製作經驗的缺少導致製作高品質全景影片的難度會很大，成本也會比傳統影片高很多。如果不能拿出一系列高品質的全景影片，創業者很可能會遭遇商業上的失敗，畢竟傳統影視的製作已經非常成熟了，並且消費者很樂意為傳統影視買單。

然而，有一類題材特殊的影片類型，很可能在全景影片領域迎來爆發式成長，並反過來促進全景影片的技術發展與商業化。這一類影片對攝影、剪輯、錄音等製作技巧的要求並不高，非常適合於初期階段的全景影片。圍繞此類題材的影片曾大大促進了傳統網路的技術發展和商業化，這一次，它能否同樣促進虛擬實境的技術發展和商業化？

這就是色情業相關的影片題材。色情業在有些國家是現實存在的，當然，為了保護少年兒童的健康成長，未來也會嚴格限制色情 VR 影片的播放範圍。佛洛伊德曾說：「性慾是人類取得一切成就的源泉。」這話有點誇張，但色情產業確實推進過一些技術的發展。以網路產業為例，網友的色情需求曾在網路產業的初始階段，無意間推動了網路技術的普及和前進；日常生

活中已經習以為常的線上支付，色情網站早在 1990 年代就開始
實踐；在高速寬頻普及之前，網友對線上觀看色情影片的需求，
促使色情網站的工程師們盡力提升影片播放體驗，大大推動了
線上影片播放技術的進步，無意間加速了一些影片網站的誕生；
色情網站的線上視訊聊天服務，還推動了線上視訊通話技術的
進步，我們在 LINE 上頻繁使用的視訊通話，其優秀的體驗就
受益於色情網站的工程師們。

不難想像，使用者的色情需求仍然會在 VR 產業的商業化中
發揮重要作用。一家來自西班牙的色情公司 Virtual Real Porn
已經透過製作和線上播放 VR 色情影片盈利，由於傳統影視產
業沒有全景影片的製作經驗，他們要從前期設備到拍攝技巧、
乃至後期製作從頭獨立探索，建立一個前所未有的標準流程。
由於色情相關的影音服務與錢最「近」，相關公司也最有動力去
追求技術和商業模式上的突破。從網路產業的發展歷程來看，
色情產業會再一次成為虛擬實境領域的技術先驅，推動虛擬實
境技術的商業化，並為未來許多虛擬實境應用掃清技術障礙。

第四篇　商業革命：充滿想像空間的商業化前景

　　網路技術在 1990 年代就開始了商業化，發展至今已經成為產值超過十兆美元的重要產業，中間的發展歷程並不是一帆風順的。隨著技術水準的提升，網路產業的發展是階段式的前進：從最早的 PC 網路時代到行動網路時代，再到無所不連接的物聯網時代，逐漸走向行動網路的時代。網路產業在每一個時代都有相應的主流商業模式，這一商業模式是由技術水準、社會形態、經濟水準等多方面原因所決定的。

　　虛擬實境技術在此刻來到了商業化的起點，許多創業者已經摩拳擦掌準備好做出一番事業。我們已經討論了虛擬實境作為新鮮事物如何被市場快速接受，這一篇將更多地關心虛擬實境技術在各個階段的商業化應用。

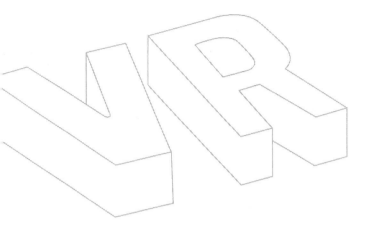

第 8 章

體驗為王

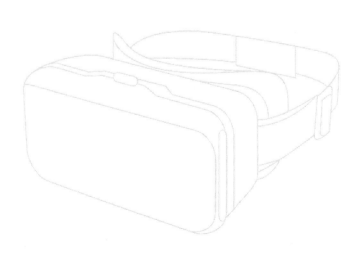

　　虛擬實境技術目前在資訊輸入上還存在缺陷，不只是缺少理想的操作方式，而且使用者的眼神、臉部表情和細微的肢體動作等資訊暫時也難以擷取。所幸的是，虛擬實境技術在資訊輸出上的缺陷很快就能解決，高畫質、低延遲的逼真畫面即將出現在大眾消費領域的 VR 產品上。因此，虛擬實境技術的商業化只能從以資訊展示和視覺體驗為核心的應用入手。

8.1 VR 電影院

　　VR 電影院作為滿足影片需求的重要產品形態之一，將會貫穿於整個虛擬實境產業的發展過程中。對使用者來說，視覺體驗既是 VR 電影院的核心，也是虛擬實境技術在早期階段的優勢。對於創業者來說，找到正確的方向去做 VR 電影院，也許會做出虛擬實境時代的 YouTube。

　　研究 VR 電影院的商業化可能性，首先要考慮虛擬實境的技術裝備水準，確定產品研發的可行性。VR 電影院的形態主要是還原實體電影院的環境，讓使用者坐在虛擬影廳裡觀看電影，幾乎不涉及資訊輸入，對技術裝備的要求較低。除了技術裝備水準的考驗，VR 電影院商業化的考察標準還有以下兩點：

　　（1）使用者對影視的需求在非 VR 領域是否已經旺盛存在；

（2）VR 電影院能否提供最好的體驗。

大眾對影視消費方面的需求是旺盛的，蘊含著巨大的商業價值。因此，VR 電影院所試圖滿足的使用者需求是真實有效的，只要 VR 電影院能提供綜合體驗更好的視聽內容，大眾消費者沒有理由不選擇。

VR 眼鏡的一個優勢，是能夠讓使用者不出家門就能觀看電影，這對於苦於居住地沒有高品質電影院的消費者而言是非常重要的。只要 VR 電影院在視覺體驗上能接近、甚至超過實體電影院，不是居住在都市的消費者會立刻投入 VR 電影院的懷抱。就視覺體驗來說，人們不在家看電影而跑去電影院的主要原因，是電影院的巨大銀幕所帶來的震撼體驗和沉浸感，這是客廳裡的電視機所無法提供的視覺體驗。實際上，折服無數觀眾的 IMAX 影廳與普通影廳的主要區別，即是高規格的音響設備和五六層樓高的巨大銀幕。對於觀眾來說，銀幕的尺寸成為視覺體驗的重要指標，銀幕越大，觀眾的視覺體驗就越震撼。

在現實世界裡建造一個 IMAX 影廳的成本實在是太高了，要建造一個巨大的影廳，能夠容得下五層樓高度的銀幕，還要有相應的超高畫質放映機等設備。但高昂的建造成本導致 IMAX 電影院根本無法普及，然而超大銀幕在虛擬實境技術所打造的虛擬世界裡完全不是問題。VR 眼鏡透過將螢幕貼近

第 8 章　體驗為王

人眼，實現了以假亂真的視覺體驗，在虛擬世界裡建造一個 IMAX 影廳的成本只是一堆代碼，但銀幕的尺寸可以無窮大，不受現實物理規則的約束，只要 VR 眼鏡的顯示效果足夠清晰，VR 電影院完全可以提供接近、甚至超越 IMAX 電影的視覺體驗。

在前文中已經多次提到，VR 眼鏡採用 16K 解析度的螢幕，就能提供超越人眼極限的清晰畫面，8K 甚至 4K 解析度的螢幕就已經能提供令人滿意的畫面效果。如今，8K 解析度的螢幕已能實現量產，也就是說，VR 眼鏡的「視網膜螢幕」時代很快就會來臨，VR 電影院將會提供超越 IMAX 的視覺體驗。

綜合來看，VR 電影院是虛擬實境技術實現商業化的重要領域之一，它擁有成熟而廣袤的市場需求，技術水準也足以提供超越實體電影院的體驗，大眾消費者也不會對 VR 電影院產生拒絕新鮮事物的牴觸心理。可以預見，虛擬實境出現在大眾身邊的形式之中必然有「私人電影院」，它將滿足大眾不出家門就能享受電影院級的觀影需求。

與實體電影院相比，除了以極低成本就能提供巨大銀幕的視覺體驗，VR 電影院還有其他優勢。在現實生活中我們已經習慣了千篇一律的影廳，幾乎全都是一個巨大的廂型大廳裡擺放著若干排座椅，電影院在放映電影時會關閉影廳內所有的燈

光，整個影廳陷入黑暗，只有銀幕上播放著電影內容。當電影院的魅力只依賴於銀幕上的電影內容和音響放出的聲音時，若是經常去電影院看電影的觀眾，很容易對這種環境產生疲勞。一些電影院注意到，主流電影院普遍採用的單調觀影環境過於沉悶無趣，推出了具有個性特點的「主題影廳」，觀眾可以在具有特色的影廳裡看電影，具有獨特的觀影感受。

主題影廳的環境不再是千篇一律的廂型大廳，而是根據各類人群和電影設計相應的主題風格。舉例來說，對於太空題材的科幻電影，一些電影院打造了太空船駕駛艙風格的影廳，迎合了科幻電影迷的需求，給影迷耳目一新的感覺，讓影迷在觀影時更有代入感。這種針對特定電影類別的主題影廳一經推出，就立刻獲得特定影迷的熱情追捧。

雖然主題影廳受到了許多觀眾的歡迎，但主題影廳並沒有因此遍地開花。對於實體電影院，一個普通影廳的建造成本在百萬元以上，如果在裝修上別出心裁，專門訂製裝修風格和題材，整個主題影廳的成本可能會更高。如果還考慮建造具有特定主題風格的 IMAX 影廳，建造成本更是在一億左右。

顯然，過高的建造成本，使實體電影院無法頻繁打造和更新主題影廳。然而，主題影廳由於極強的風格特點，導致其只適合放映特定類別的電影，不能兼容更多的電影類別。舉例來

說，不論是都市愛情片還是歷史戰爭片，都不適合在科幻主題影廳放映，只有貼切科幻主題的科幻電影才能與科幻主題影廳配對。對於電影院方來說，花費比普通影廳昂貴的價格去打造主題影廳，卻不能像普通影廳一樣兼容所有的電影和影迷，在建設成本高居不下的背景下，大規模建造主題影廳是無法被商家接受的。

對於實體電影院，建造主題影廳所帶來的麻煩並沒有就此結束。一種電影題材的魅力是有保質期的，大眾很少會連續多年癡迷於一種題材，電影製作方也在不停挖掘各種新鮮題材、製作風格迥異的各類電影。在這種背景下，主題影廳的壽命很可能十分短暫，而且無法低成本、快速地轉換影廳主題，自然也就無法快速跟進最新的熱門電影風格，也就無法滿足觀眾最新的需求。

快速建造和更新主題影廳，在 VR 世界裡可以用成本極低的方式去實現。在成熟開發工具的幫助下，打造一個主題影廳只需要少量人力成本，開發時間也可以壓縮至短短幾天之內。在 VR 世界的虛擬電影院裡，快速跟進電影市場潮流，為各類風格的電影打造主題影廳根本不在話下，在優秀開發團隊的幫助下，為每一部上映電影打造特定風格的影廳也不是沒有可能。舉例來說，對於《哈利波特》（*Harry Potter*）系列的電影，VR 電影院可以為觀眾提供客製的影廳環境，讓觀眾坐在霍格華茲

魔法學院的校園之中觀看《哈利波特》電影，這將滿足許多「哈迷」一直以來的夢想。

VR 電影院在打造主題電影院上，比實體電影院還有其他優勢。VR 電影院裡的主題影廳可以是動態的，在電影放映的過程中，影廳的環境可以隨著電影劇情的進行而變換。當電影裡的場景從飛機轉移到機場，影廳的環境也可以從飛機客艙轉移到候機室。動態的影廳環境可以讓觀眾更有代入感，彷彿真實出現在電影場景中，見證電影情節的發生。

在高畫質 VR 眼鏡的幫助下，主題影廳有著逼真的環境和超越現實的品質；在成熟開發工具的幫助下，主題影廳可以被低成本快速開發，時刻迎合電影市場的最新潮流；在設計師的幫助下，主題影廳可以更好幫助觀眾獲得代入感，更深入地瞭解電影。因此，主題影廳很有可能成為 VR 電影院的重要功能點之一。

在上面的敘述中，VR 電影院所滿足的都是使用者的工具型需求，從工具型需求入手，衍生出與工具相關的其他需求，是許多網路企業的成功祕訣。當一個新鮮事物來臨時，大眾消費者最關心的是它能做什麼，即產品的工具屬性。VR 電影院可以從「私人電影院」的工具屬性入手，吸引消費者使用 VR 電影院產品，培養使用者的消費習慣和生活習慣，使 VR 電影院成為

第 8 章　體驗為王

現代生活的一部分。

在 VR 電影院切入電影市場後，消費者會逐漸開始追求觀影之外的服務和功能。在現實生活中，電影院具有社交屬性，它是許多都市居民的社交場所，一起看電影這件事本身就是一種社交行為。看電影所引發的社交行為，不只是在電影院的兩個小時，由於看完電影的人們擁有了共同話題，他們在離開電影院後可以繼續圍繞電影交流。

對觀眾而言，獨自觀看才能真正深入地瞭解電影；但對於社會人而言，一起去看電影才足夠溫暖人心。人是社會性動物，孤獨是人無法獨自解決的問題，由存在感所衍生的產品需求和消費需求存在於生活的方方面面，不論是咖啡廳、豪華汽車還是手機 APP，極少有人會以徹底孤獨的狀態面對世界。電影院本身只是電影的播放媒介，但在現代都市中已經不知不覺地迎合了居民的社交需求，電影院成為許多人寄託美好回憶的場所。

對於使用者而言，VR 世界裡的虛擬電影院看起來和實體電影院一樣，觀影方式和體驗也很接近，那麼使用者很自然地會想到與實體電影院有關的一切，包括實體電影院中的社交行為。當使用者戴上 VR 設備，來到虛擬電影院，看到影廳裡空蕩蕩的座位時，一定會想起實體電影院裡坐滿觀眾的場景。

因此，和其他人一起在 VR 世界裡看電影，就成為使用者自發的需求。

發生於實體電影院裡的社交行為，往往是一種很弱的表現形式，因為在影廳裡必須保持安靜，精彩的電影內容也讓使用者無暇分心。電影院裡的社交行為往往表現為陪伴，所滿足的心理需求是使用者的存在感，而這種以陪伴為核心的社交行為，對 VR 技術提出的要求並不高，只需要使用者彼此的虛擬形象能夠出現在同一個虛擬電影院即可。

實體電影院為了照顧所有人的觀影體驗，只能要求所有觀眾在觀影過程中不要發出任何聲音，或者說這已經成為都市禮儀的一部分。這是實體電影院的巨大遺憾，擁有極佳的視聽體驗，卻不能讓觀眾在觀影過程中與身旁好友即時交流感受。都市居民已經習慣了看電影必須保持安靜，早已忘記一群人圍著銀幕交流時的感動。

1980 年代，香港的武打片和本土的都市愛情片征服了大批年輕人，電影院在全臺遍地開花。但當時的觀影環境遠遠不及現代電影院，觀眾在這種簡陋環境下的觀影行為並不存在所謂的「觀影禮儀」，而是一個自由的交流環境，觀眾既可以隨時對電影裡的情節和人物發表評論，也可以隨時喝彩來表達內心暢快的感受。如果你想獨自安靜地觀看電影，電影院裡的討論聲

第 8 章　體驗為王

和滿地菸頭會讓你逃離；如果你想和朋友們一起體驗電影、交流電影，那麼電影院就是天堂。

到了 1990 年代後期，科技的進步使 VCD 等磁碟機開始普及，「在家看電影」這一流行概念也受到了大量都市居民的歡迎，2000 年後，新興電影院的快速建設和大眾消費能力的提高，也進一步促進了老舊電影院的消失。

在筆者看來，一切社交行為的核心都是合作，人們為了各自的利益和目的各取所需。以充斥現實世界的社交網路為例，人們透過按讚和評論動態來滿足彼此的存在感，在不知不覺中完成了社交合作，從 FB 到 LINE，誰都逃不過這張社交合作網路。

現代電影院的問題在於，安靜的觀影環境約束了觀眾彼此間的合作形式，大家只能在電影播放到關鍵畫面時發出有節制的笑聲或者驚嘆聲，除此之外再無別的交流形式。而以前電影院的觀眾就沒有這個煩惱，他們彼此也許互不認識，但並不妨礙在看電影時發出感慨，互相交流。這種存在感極強的合作形式由於採用了當面交流的口語媒介，給人的留下印象還十分深刻，久久難忘，這也是電影院成為一代人難忘回憶的原因之一。

雖然古早的懷舊觀影體驗已經消失了，但永遠不缺想像力的網路產品又再次還原了這一體驗。深受八年級生和九年級生

喜愛的彈幕影片，最早來自日本的影片分享網站 niconico，使用者可以將對影片的評論發布在影片畫面上，評論文字會像子彈一樣飛過，當大量的評論內容一起出現時就像瀑布一樣密集，這就是「彈幕」一詞的來歷。

在彈幕影片網站，觀眾不僅可以看到其他觀眾留下的評論，也可以自己發布評論，在影片上即時滾動的評論就像電影院裡的觀眾即時表達的感受，所有觀眾在虛擬網路空間對同一個影片交流，這讓人想起古早電影院時代的觀影體驗，充滿著存在感和樂趣。例如，中國著名彈幕影片網站 bilibili，是一群次文化愛好者的聚集地，對外輸出不同於大眾主流文化的獨特文化內容。

在 VR 世界裡，虛擬電影院不再受實體電影院所遭遇的約束，使用者可以與少數觀眾一起享受 IMAX 級的巨大影廳，透過麥克風直接交流觀影感受，這一切對 VR 電影院來說都不是問題，多人語音通話已經是非常成熟和普及的功能，虛擬電影院也不需要像實體電影院一樣追求上座率。也就是說，虛擬電影院可以同時擁有電影院的交流環境和現代電影院的視聽體驗。

每個人都有在現實生活中無法頻繁相見的朋友，我們通常是曾經的鄰居、同學、同事，都擁有著共同的經歷和記憶，卻因為現實世界的距離而彼此分離。隨著時間的推移，彼此之間

的共同經歷越來越少，共同記憶越來越遙遠，感情自然也就越來越淡。電影是一個極好的創造共同記憶的載體，雖然在現實中無法繼續共同相處，但人們可以在 VR 世界裡一同觀看電影，在同一部電影中經歷他人的世界，透過口語交流社交，創造屬於彼此的共同記憶。

因此，虛擬電影院絕不僅僅是大眾消費者的觀影工具，它還很有可能成為一些人的社交場所。任何一家網路公司的產品經理都能明白，只要產品有了社交行為和需求，就能衍生出服務和需求。就像人們在現實生活中會花錢打扮自己來改善他人印象、購買玫瑰傳遞愛情、去咖啡廳約會促進感情等，社交需求主導的消費行為已經融入生活，這些都是 VR 電影院業者的商業化著力點。

當使用者以虛擬形象的方式出現在 VR 電影院裡，虛擬形象就成為使用者展示自我的重要方式之一。每個人都希望擁有獨一無二的形象，可以反映自己的性格特點和心情狀態。在網路遊戲產業，許多玩家會為了遊戲角色的形象而花錢購買虛擬服飾，一些虛擬服飾的價格並不便宜，但仍然有不少玩家為此買單，因為個性化的形象可以滿足使用者的心理需求，能夠更好地展示自我。

除了服飾和人物外形以外，豐富的表達方式也是使用者形

象的重要組成部分。例如 LINE 有一系列的付費貼圖,比起枯燥無趣的文字,貼圖能更好地幫助使用者表達情緒,塑造生動有趣的形象。在 VR 世界裡也是如此,技術裝備的缺陷,導致使用者無法真實地透過臉部表情和肢體動作去傳達感受,使用者需要一些輔助的表情和動作來表達自我,給他人留下生動逼真的社交印象。

使用者在 VR 電影院社交時,除了會在意自身的形象,還會追求不一樣的觀影環境。不同的觀影環境所傳達的氛圍和使用者心情是不一樣的,如果使用者要邀請朋友來到自己的影廳,影廳就有了對外展示的屬性,使用者會在意影廳的風格、燈光、飾品等「裝修」細節。一些著名網路遊戲也允許玩家自己建造房屋,從零開始打造一個屬於自己的虛擬空間,從裝飾到家具全部都由玩家自己打造,滿足了玩家展示個性的需求。

綜合來看,VR 電影院所面臨的市場需求是巨大的,大眾使用者面對 VR 電影院也不需要任何的學習成本,作為「私人電影院」的產品定位,將貼合廣大消費者的觀影需求,透過爽快真實的觀影體驗征服使用者。當 VR 電影院已經成為使用者離不開的工具型應用時,再結合使用者的社交需求和個性化需求,就能推出一系列產品和服務,努力實現商業化轉型。

8.2 VR 全景影片

在最近一兩年間，隨著資本界和媒體界對虛擬實境技術的反覆炒作，全景影片的概念也一次又一次地出現在大眾面前。在大眾看來，VR 頭盔裡的全景影片，就是可以讓使用者身臨其境感受虛擬世界的影片載體，全景影片在很多人心中已經成為虛擬實境技術的代名詞。

許多虛擬實境業者都在擔心 VR 內容缺失的問題，在 VR 遊戲短期時間內難以獨當一面的情況下，全景影片將會是很好的內容補充形式。全景影片能為使用者帶來沉浸式的影片消費體驗，其接近真實的臨場感是傳統影片所無法提供的。然而，在探討全景影片的商業應用之前，必須先來瞭解大眾還不太熟悉的全景影片。

全景影片本質上是透過 VR 設備，打造一個以使用者為圓心的球形空間，使用者可以獲得水平方向 360° 和垂直方向 180° 的全包圍視野，彷彿在現實世界中一樣。VR 設備需要在 2D 螢幕上展示 3D 的球形影片內容，這需要內容製作者把球形空間的圖像內容轉化成 2D 圖像的形式。這一過程聽起來似乎很複雜，其實就是我們每個人都看過無數次的世界地圖，球形的地球被「拍扁」成二維平面上的陸地和海洋。

像世界地圖那樣，將真實世界裡的 3D 場景在 2D 圖片上展開，這一過程叫做投影。在投影過程中，最難的環節是如何避免畫面內容扭曲失真，為此誕生了多重投影方式來解決畫面的扭曲失真問題。我們所熟知的世界地圖，即是使用一種名為 Equirectangular 的圓柱投影方式所繪製的，特點是越靠近上下兩端的圖形，所受到的拉伸越大，越靠近中心的圖像部分則越接近真實。

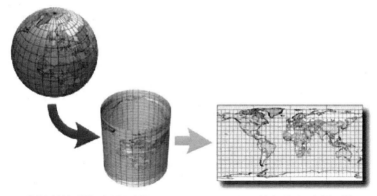

我們所熟悉的地圖是透過 Equirectangular 的投影方式得到的

從地圖上來看，南極洲的面積大得驚人，幾乎是地圖上最大的一塊大陸；但實際上，南極洲的面積只相當於中國加上印度的總面積大小。俄羅斯的疆土面積大約是中國的兩倍，但在平面地圖上，俄羅斯的面積彷彿有 3 ～ 4 個中國那麼大。這都是由於 3D 球體向 2D 平面投影所導致的圖像變形。好在 VR 眼

鏡的任務，就是透過對投影圖像進行反向投影處理，得到球形的圖像內容，讓使用者感受到全視角的真實場景。

由於球型圖像的特殊性，將球形圖像向二維平面投影得到的單張平面圖片，總是會圖形扭曲，VR 設備使用這種單張平面圖片去還原球形空間時，會帶有一些圖像品質損失，造成整個全景影片的品質和體驗下降。於是開發者想到使用多張平面照片來記錄球形空間的圖像，然後透過軟體在 VR 設備中還原出球形的圖像內容。類似的投影方式已經在虛擬實境產業中得到使用，Cubemap（立方體貼圖）是透過六幅畫面來記錄三維空間中的圖形內容，這六幅畫面拼接一起可以組成一個立方體，觀察者站在立方體的中心處即可獲得真正全包圍的視角，透過軟體處理可以得到不存在任何扭曲變形的全景畫面。在現實中，一個鏡頭只能記錄一張 2D 圖像或一個 2D 影片，而為了迎合 Cubemap 的投影方式，全景影片的攝影機至少需要 6 個鏡頭，從同一個中心位置朝著六個方向記錄圖像資訊，這樣得到的圖像內容才符合 Cubemap 的投影標準，並可以反投影處理得到全景影片。

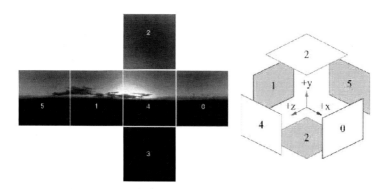

Cubemap 投影方式透過 6 張平面圖像來還原立體圖像內容

全景影片攝影機擁有 6 個鏡頭，朝著六個方向拍攝

在實際應用中，全景影片攝影機所面臨的難題並不少。由於鏡頭裝配永遠不可能絕對精準，6 個鏡頭在實際應用中並不是在同一個中心位置記攝影片內容，所以透過軟體處理得到的全景影片就會出現無法完美拼接的縫隙。實際解決方法是，讓

每一個鏡頭都「多」記錄一些圖像內容，最後在拼接時會出現重疊部分，並透過軟體處理得到完整的全景影片內容。全景影片攝影機還會遇到多個鏡頭之間的同步性問題，如何讓這些鏡頭沒有時間差的開始錄製，並且在幀率上保持同步，這需要一個方式來控制多個鏡頭的同步工作，於是 Genlock 和 Framelock 等技術應運而生。

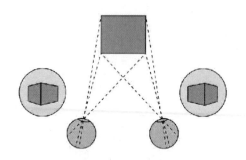

人的雙眼由於位置不同，看到的畫面也不同

　　足夠細心的讀者也許已經發現，上面所有關於全景影片的討論都忽略了人的一個重要特點：人對外界圖像的觀察，是透過兩隻位於不同位置的眼睛實現的，左眼與右眼看到的圖像並不完全相同，會有明顯的偏差。只有 6 個鏡頭的全景影片攝影機，只能錄製一隻眼睛看到的畫面，為此，一些公司推出了具有 12 個、甚至更多鏡頭的全景影片攝影機，同時錄製人左右眼看到的畫面。

在解決了拍攝設備的問題之後，全景影片的拍攝方式仍然是一大困擾。在傳統影片的錄製現場，導演、攝影師、錄音師、燈光師等劇組成員都站在鏡頭後面參與影片錄製，攝影機只錄製正前方的畫面，所以不會「露餡」。而全景影片為了實現全方位的視野角度，全景影片攝影機需要對場景周圍的所有內容進行錄製，錄製現場的所有建築、人物、道具等組成部分。在這種攝影條件下，劇組不僅必須保證拍攝現場的每一個細節都是影片要想錄製的內容，而且劇組不能出現在拍攝現場，聲音的錄取、燈光效果的創造等工作，都無法依照傳統方式進行，演員也無法及時得到導演、攝影師、燈光師等人的建議，只能憑藉記憶和經驗面對全景影片攝影機，這些都大大增加了全景影片的錄製難度。

對於傳統影片，由於畫面視角固定，劇組可以透過對鏡頭的靈活運用來引導觀眾觀察場景、瞭解劇情。全景影片在水平方向有 360°的畫面內容，在垂直方向有 180°的畫面內容，而人眼在水平方向只有 120°的視野範圍，在垂直方向只有 135°的視野範圍，這導致觀眾並不能一次性觀看全景影片的所有內容，也就意味著全景影片的畫面很可能會缺少焦點，如果沒有適當的引導，觀眾會非常茫然地觀看影片，錯過導演想要表達的影片內容。由於傳統影片的鏡頭運用技巧已經不再適用於全景影片，全景影片業者需要從頭探索拍攝技巧，建立新的製作標準。

第 8 章　體驗為王

　　儘管全景影片的製作過程存在各種各樣的挑戰，這些都不妨礙全景影片傳達它獨特的魅力，全景影片的臨場感可以幫助觀眾身臨其境地參與到影片場景，更真實地受到場景氣氛的感染。對於企業家而言，任何技術都存在優點和缺陷，在技術商業化的道路上，最重要的事情不是克服技術存在的缺陷，而是根據技術的特點揚長避短，打造出恰當的商業化產品，最終被廣大消費者所喜愛。

　　全景影片在錄製和表現複雜場景方面不盡如人意，但極強的臨場感是全景影片所特有的魅力。從技術商業化的角度來看，成熟的全景影片應該避免表現複雜的場景，多錄製一些場景簡單、參與感強烈的影片內容。從這個角度來看，演唱會和體育賽場等相對簡單的場景非常適合用全景影片的形式表現，觀眾不太需要四處觀看，只需要觀看正前方的明星表演或體育賽事即可，全景影片可以幫助觀眾獲得身臨其境的觀賞體驗，如果能再加上多人線上觀看和語音交流的技術，在全景影片裡觀看球賽的體驗就非常接近於現實賽場裡的體驗了。

　　除了演唱會等場景簡單的影片內容，有一類影片內容也適合以全景影片的形式表現。全景影片的特點在於全方位地展現場景內容，不放過場景當中的任何一個細節，這一特點導致攝製團隊很難在公共場合拍攝出理想的影片內容，隨時出現的行人、汽車都會影響拍攝效果。然而，這一特點也導致全景影片

所還原的場景非常真實，如果觀眾對影片場景本身存在興趣，觀眾可以非常詳細和真實地瞭解影片場景，這種體驗非常接近於旅行。

因此，全景影片可以幫助觀眾足不出戶就「行遍天下」，業者可以錄製世界各處都市和自然的風景並製作成全景影片，消費者透過這些旅遊題材的全景影片，非常真實地領略到世界各地的風土人情。全景影片的攝製團隊不用再擔心場景影片過於複雜的問題，他們只需要選擇一個好天氣，在那一天把都市或自然的風景十分詳細地錄製下來即可。

在現實生活中，我們平時所觀看的電影有不少使用了特效，甚至有些電影的影片內容全部由電腦生成。如果從更寬泛的概念來看，全景影片不一定非要在現實中錄製，也可以在電腦上透過特效製作出來的。電腦特效的製作成本雖然較高昂，但勝在影片內容的豐富性和多樣性，觀眾不僅可以體驗到現實世界不存在或難以達到的場景。透過電腦動畫技術，觀眾不僅可以體驗坐在太空船駕駛艙裡飛向荒蕪宇宙的感受，也可以行走在 7 世紀的長安街頭，感受繁華巍峨的大唐盛世等。

如同 VR 電影院一樣，全景影片中的場景也可以具備社交屬性。人們生活中的社交行為通常發生於咖啡廳、餐廳、公園、電影院等場所，與家人朋友一起欣賞風景也是非常重要

的社交形式之一。得益於全景影片的逼真臨場感，業者可以利用全景影片技術打造一些適合社交的場景，為使用者提供多樣化、個性化的社交環境，使人們打破時空距離的約束，緊密連接在一起。

想像一下，某天你和朋友們約好在 VR 世界裡相遇，到了約定的時間點，你們一起出現在火車月臺，一邊聊天一邊等待下一班列車。當列車駛入月臺，你和朋友們登上列車，坐在一個車廂包間裡。隨著列車的前進，你欣賞著窗邊風景，和朋友們聊天，或者是進行簡單的棋牌遊戲。經過兩個小時的行駛，列車抵達終點，你和朋友們也開始感到疲倦，你們在火車月臺上約定了下次見面的時間，然後摘下了 VR 眼鏡。

在這兩個小時的火車之旅中，使用者能感受到的社交體驗，遠超過視訊通話等即時通訊工具所帶來的交流體驗，即便是與實體社交相比，VR 世界裡便捷的相聚方式，使使用者可以在短短兩個小時內進行豐富的社交活動，而在現實生活中，兩個小時可能還不夠生活在都市的人們出門往返所消耗的時間。此外，由於實體社交受到地理位置的制約，人們無法自由地去任何一個地方社交，而這在 VR 世界裡並不是問題，全景影片可以提供豐富多樣的場景環境，使用者只需要戴上 VR 設備，與朋友們約定好在同一個虛擬環境中相遇即可。

從社交角度來看，全景影片在社交領域的價值也許會超過在內容消費領域的價值，孤獨感和存在感永遠是人們滿足溫飽後所必須面臨的心理需求，社交行為的快樂也讓內容消費過程變得更有樂趣。在之前的分析中我們知道，VR 電影院的使用者很可能不會只滿足於電影觀賞的體驗，還會追求像彈幕影片一樣多人交流的觀影環境；基於類似的邏輯，全景影片的觀眾也不會只滿足於消費那些臨場感強烈的影片內容，他們很可能更希望和朋友們一起在全景影片裡體驗足球比賽、參加心愛明星的演唱會、進行一次說走就走的「旅行」。

當然，我們目前探討的是在虛擬實境產業的早期階段如何進行商業化運作，這一階段的特點，是虛擬實境技術還存在資訊輸入和輸出上的制約。全景影片本身只涉及資訊輸出，而資訊輸出正好也是虛擬實境技術的優勢，因此只涉及內容展示的全景影片並不會遭遇太多技術上無法踰越的困難。唯一遺憾的是，在全景影片的場景中，使用者的交流行為目前只能依靠語音傳輸技術，在 VR 世界裡傳達細節豐富的肢體動作和面部表情，在短期內還看不到可以被解決的希望。

VR 電影院同樣面臨這個問題，但 VR 電影院的特殊之處在於使用者的行為還是以觀看電影為主，在黑暗的影廳裡使用者並不太關注身旁好友的面部表情和肢體動作，在觀看電影時不時交流幾句即可；但在全景影片的環境裡，使用者之間的社交

行為能否只依賴語音交流就能得到滿足，目前還是一個問號。因此，全景影片在商業化早期階段還是以演唱會和球賽等內容消費為主，讓使用者在體驗內容的同時順便與朋友們簡單交流，這種社交方式更切合實際。

綜合來看，全景影片雖然存在不少缺陷，但並不意味著沒有商業化的可能性。針對全景影片的特點揚長避短，重點突出全景影片的臨場感，打造出在體驗上可以顛覆傳統影片的全景影片內容，相信在初期可以很快獲得消費者的喜愛。隨著技術的成熟和全景影片的製作標準逐漸完善，將會有更多類型的全景影片面世，最終取代大部分傳統影片類型。適當加入社交元素的全景影片也將滿足使用者的社交心理需求，它將在現實生活之外開闢一類全新的社交場景。

8.3 VR 電商

在網路時代，電子商務已經走入千家萬戶，成為每一個現代人生活當中不可或缺的一部分。在電子商務網站上購買商品已經成為大眾的消費習慣，電商的便利性覆蓋了從都市到鄉鎮的每一位居民。

然而，電子商務產業在亮麗數字的背後也存在著隱憂，如假貨問題。投資者對電商平臺上屢禁不止的假貨現象存在疑

慮，甚至導致電商股價一路下跌。

眾所周知，電子商務在便利性上具有大大的優勢，消費者不再需要走出家門就能接觸來自全國甚至全世界的商品，大量的商家可以讓消費者貨比三家，挑選服務。然而電子商務存在的最大問題是消費者無法親眼看到實物，只能透過商家拍攝的照片來判斷商品的品質好壞和真假，而照片通常難以全面反映商品的每一個細節，並且還具有一定的欺騙性。消費者通常只有在商品被快遞送到家後，透過親自檢驗才能判斷商品的品質好壞。雖然引入了顧客評分、投訴退款等制度來約束商家，但不良商家仍然在想方設法售賣假貨，杜絕賣假貨在技術上幾乎不具備實現的可能性。

有的電子商務網站為了解決假貨問題，甚至直接杜絕個人商家，只與廠商合作，這種銷售模式可以保障商品全部是來自廠商生產的真品。但問題是，B2C（Business-to-Customer，從企業到消費者的銷售模式）模式也杜絕了電子商務的多樣性，將個人商家拒在門外，大大減少了商品的豐富程度。此外，即使透過 B2C 模式解決了假貨問題，也無法滿足消費者更深層的需求：更真實全面地瞭解商品。電商網站都是透過圖片來展示商品，消費者很難真實全面地感知商品的尺寸、外形、顏色、做工細節等資訊，而更嚴重的問題是，商家展示的照片往往都經過處理，許多商品照片已經成為「照騙」。

第 8 章　體驗為王

　　現今電子商務網站的主戰場還是 PC 和智慧型手機，展示商品的媒介仍然是 2D 螢幕，遠遠不能滿足表現實體商品的需求，若想要解決電子商務產業已被困擾多年的問題，只有突破 2D 螢幕的局限，找到更真實的資訊傳播媒介，而根據虛擬實境技術的特點分析，最有可能與 VR 電商主動合作的傳統產業之一是居家裝潢產業。

　　目前消費者在電商網站上瀏覽居家裝潢產品的體驗並不好，最大的困擾即是消費者難以生動確切地瞭解居家裝潢產品的形狀和大小，難以判斷一款居家裝潢產品在體積大小和視覺風格上是否都適合家裡的環境，消費者往往只能憑藉感覺做出模糊的判斷。一旦將一款沙發買下並搬到家裡，發現沙發的尺寸或風格不太適合家裡，再考慮更換或退貨的成本就很高了。

　　但 VR 技術，消費者可以在 VR 眼鏡中準確地瞭解居家裝潢產品的形狀和大小，不用再待在電腦螢幕面前憑藉想像力去猜測，這樣可以減少消費者花在決策上的精力成本，將更多精力放在產品設計、價格、品質上，更快地做出消費決策，以減少因對產品瞭解不足而導致的金錢損失。如果 VR 電商能夠配備房屋快速建模技術，讓消費者以較為簡單的方式在 VR 世界裡還原住宅的內部環境，那麼消費者就可以在 VR 電商軟體裡將沙發、電視、燈具等居家裝潢產品裝置在虛擬的住宅模型裡，完成整個裝修方案的設計。消費者可以像搭配衣服一樣很快組

合出自己滿意的裝修方案，然後一鍵下單，將整套居家裝潢商品買下來。

虛擬實境技術在電子商務領域的應用，不僅提升了使用者在線上的消費體驗，它還將深刻影響現代商業的遊戲模式。在現今，一款實體商品從開發到投產的成本過高，廠商推出新產品時通常是慎之又慎，一旦產品推出後的市面反響不如預期，不只是前期研發投入打了水漂，還要面臨庫存積壓等問題。在製造產業，在產品上應用新技術、試探新風格是一項非常冒險的決策，需要背負沉重的壓力，每一個決策都有可能為公司帶來意想不到的負面效益。

以日常生活中常見的筆記型電腦為例，一臺中等規格的筆記型電腦價格普遍在兩萬、三萬元左右，而對於廠商來說，生產一臺筆記型電腦的成本遠比幾萬元高很多。為了生產一臺筆記型電腦，廠商必須設計並打造相應的生產模具，機身上大部分組件都是透過模具生產並組裝，模具的好壞直接影響著生產良率和裝配品質等問題。綜合算下來，一套筆記型電腦的模具價格通常在百萬元上下，這還只是塑膠材質的筆電，對於金屬機身的筆記型電腦，其模具成本要更高，並且良品率更低。

也就是說，廠商推出一款全新的筆記型電腦時，必須要保證十萬臺以上的銷量，才能將研發成本降低到每臺五十元左

右。在這種銷售目標的壓力下，廠商在產品研發和商業策略上必然傾向保守，當一款筆記型電腦獲得市場歡迎後，廠商往往會繼續使用同樣的模具打造多款類似的產品，甚至會連續多年使用同一款模具，以保障產品銷量，攤低研發成本。這種決策邏輯帶來的結果，就是廠商推出的產品在外形設計和技術上沒有新意，很快被消費者厭倦。

然而，在電腦中完成產品的 3D 建模是比較容易的，比起生產模具的製造成本，3D 建模成本幾乎接近於零。透過虛擬實境技術，消費者可以感知到一款新產品的材質、外形甚至是細膩的光澤，只要廠商在 3D 建模時加入足夠詳細的產品細節。借助 3D 建模技術和虛擬實境技術，廠商可以用極低的成本快速推出多款商品，瞭解消費者的回饋，得到產品設計的修改建議，並快速更新和迭代，最終將打磨成熟的產品投入生產，面向市場。

英國曼徹斯特的一棟建築還在建造當中，一家創意公司已經透過在電腦上完成了該建築的 3D 模型，使用者可以透過 VR 眼鏡親身體驗這棟還未完成的建築。對於建築開發商來說，讓潛在商戶提前感受建築的環境，在建築內走動，將有助於建築的銷售。虛擬實境技術更重要的意義，在於房地產開發商可以在數億元開發成本投入之前，就能瞭解潛在購房者的消費需求，並根據需求快速調整建築方案，最終拿出一個受到市場歡迎的案型。在這項技術出現之前，房地產開發商只能透過電腦

模型照片、沙盤模型等模糊的表現方式讓潛在消費者大概瞭解建築，並透過打造樣品屋讓消費者詳細瞭解建築內部。但由於樣品屋的建造成本十分高昂，開發商不可能打造多款樣品屋來試探消費者需求，消費者對一種建築方案不滿意，就只能繼續去別的房子試試運氣。

人們都知道，網路產業比其他產業更注重使用者體驗，每一家網路公司都把使用者體驗奉為至尊真理，不注重體驗的公司也將很快被使用者所拋棄。為什麼網路產業會出現以體驗為核心的殘酷競爭局面？原因是網路產業的產品通常是網站、軟體等虛擬產品，產品的更新迭代成本比製造業要低得多，一款產品在上線後可以很快根據使用者回饋進行調整。對產業業者而言，蒐集使用者回饋，並在下一個版本中改進產品，已經是金科玉律般的標準模式，誰能最快地抓住使用者需求、更新產品，誰就更有可能存活下來。

傳統製造產業由於一直高居不下的產品研發成本，導致廠商無法真正做到以體驗為核心，跟隨使用者體驗快速改進產品。在這種制約條件下，傳統製造業在商業策略上幾乎不約而同地傾向於保守。保守的結果就是同一產業的產品高度同質化，業者的競爭通常不是產品體驗的競爭，往往是價格戰和宣傳戰，而這些都和產品本身沒有太大關係。以價格戰和宣傳戰為主導的競爭局面導致傳統製造產業通常是寡頭公司的搏殺遊

戲，小公司和個人工作室根本無法在價格戰和宣傳戰中存活下來。以飲料產業為例，可口可樂公司每年在全球投入的廣告費用高達 6 億美元，幾乎扼殺了小廠商的生存空間，實際上飲料產業的技術門檻並不高，非常適合一眾的小廠商打造一系列個性化的口味飲料，滿足不同消費者的需求。實際上，我們在日常生活中所使用的消費品，大部分是由少數巨頭公司所把控的品牌，極少會來自不知名的小公司。

而 VR+ 電商的組合將會徹底改變這一局面，傳統製造產業的大部分領域，都將轉變為以體驗為核心的競爭局面，業者必須像網路產業學習，尊重使用者的每一次回饋，認真發掘使用者需求，快速跟上使用者需求的變化。這對大公司來說並不是一個好消息，大公司也無法保證自己能時刻抓住使用者需求的變化，總會有「漏網之魚」的需求被小公司甚至是個人所抓住。而且，大公司較臃腫的組織結構和緩慢的決策流程，導致大公司在產品迭代上很難追得上小公司的腳步，一不留神就會被小公司甩在身後。在網路產業，沒有哪一家巨頭公司能宣布自己高枕無憂，Facebook、Google 等網路巨頭公司每年都要投入數十億元甚至上百億元用來收購創業公司，來彌補自身業務的不足，這種做法的理由如下所述。

這種商業模式的改變會促使大公司進行轉型，像網路公司一樣追求扁平化的組織形態和以自由創意為核心的公司氛圍。

改變組織形態和氛圍無法透過規章制度實現，業者必須從價值觀念上做出改變，從內心深處真正認可人人平等的組織關係和尊重想法的思想環境。公司作為現代社會最重要也是最普遍的組織形式，其價值觀念的改變也許會潛移默化地影響社會主流價值觀念。

對於消費者而言，VR+電商的時代是最大的福音，百花齊放的消費時代即將來臨，消費選擇數量大大成長，消費者不僅可以根據需求甚至是心情選擇商品，也可以向廠商發出你的聲音，表達你對產品的需求，提出產品建議。巨頭公司高高在上發布產品並透過廣告傳媒對大眾洗腦的時代將要結束，如果不能更快速、更準確地抓住使用者需求，巨頭公司也會被一群小公司從寶座上踢走。

8.4 VR 教育

每一個生活在現代社會的人都明白教育的重要性，高度發達的分工合作體系對每一個社會公民都提出具備專業技能的要求，而隨著經濟發展，公司對每個人的技能水準要求也越來越高，為此，接受教育不只是校園學生的任務，也是每一個走入工作的社會公民的需求。

教育產業有多大？也許會超出你的想像。根據國際著名基

第 8 章　體驗為王

金公司 GSV Capital 發布的教育產業報告，全球線上教育市場規模將達到 2555 億美元。從增速來看，全球教育市場規模五年內增速為 7.37%，而線上教育市場的這一指標達到了 22.35%，顯然網路教育市場的增速已經遠遠超過傳統教育。

從數據來看，基於教育服務的商業模式還存在較多的機會。虛擬實境技術作為革命式的媒介技術，自然也不能錯過興起於多媒體時代的線上教育浪潮。

傳統教育模式仍然是以教師面授為主，一位老師面向數十位學生進行知識傳授，有限度地加入了 PPT、影片等多媒體內容作為教學內容補充。這一模式在網路普及之前幾乎是唯一可靠的教育模式，知識和技能中有相當大的部分是難以透過文字和照片詳細表達的，而且不同學生的理解能力也有差別，優秀的教師可以透過豐富的經驗和技巧向學生轉述知識內容，達到理想的教育結果。

然而，這種教育方式非常依賴於教師本身的實力水準，優秀的教師可以讓學生事半功倍的快速成長，缺少經驗的教師可能對學生的學習過程沒有顯著幫助。而優秀教師的數量有限，在由市場定價格的現代社會，優秀教師往往集中於都市中少數優秀的學校，只為少數學生提供教學服務，絕大部分的學生仍然無緣接觸優秀教師。

　　這種由經濟發展差異和貧富差距，導致的教育資源分配不均很難被改變，因為優秀教師也是社會分工合作體系的一分子，他們也面臨生活帶來的經濟壓力，沒有理由離開都市和名校，放棄市場給予的合理薪水。在偏鄉地區經濟狀況難以改善的局面下，透過網路技術共享優質教師資源，是一種促進教育資源平等分配的可行方案，因為網路技術的特點是跨越時間和地域的，優質教師所面向的學生數量可以被網路教育平臺放大，偏鄉地區的學生們只需要透過電腦和寬頻，就能獲取到優秀教師的教學內容。

　　從網路教育產業近年連續的高速成長來看，大眾對獲取優質教育服務的需求非常旺盛。然而，基於電腦和手機開展的網路教育，應用場景還相對有限。實體教育之所以普遍採用當面口授的形式，是因為教育過程有大量知識是透過生動的口語資訊傳遞的，教師的表情、語調和肢體動作都影響著知識傳授的效果。電腦或手機的液晶螢幕並不足以生動形象地傳遞豐富口語資訊，優秀教師的傳授表現經過傳統螢幕播放後的教育效果大打折扣，唯有更逼近真實的資訊傳遞媒介才能解決這一問題。

　　目前最有可能打破網路教育困境的還是虛擬實境技術，隨著軟硬體技術的進步，在可以預見的若干年內，虛擬實境技術將能給使用者帶來真假難分的沉浸式體驗。這一技術可以被應用於表現教師的口授教學，讓偏鄉地區的學生們也能像都市的

第 8 章　體驗為王

學生一樣「當面」接受優秀教師的口授教學。從優秀教師的維度來看，教育資源的分配將變得更平等，所有人都有機會接觸到最優秀的教師。

教育資源除了指教師數量和水準之外，還包括課堂之外的一系列教育活動。都市的中小學可以讓學生操作顯微鏡觀察微生物、親自動手進行各種物理化學實驗等，這些教學設備和實驗材料都需要相應的教學經費，對於偏鄉地區的部分學校而言還是一筆難以承擔的巨款。此外，在名牌大學中很常見的生化設備和工程設備，為學生的學習帶來了很大的幫助，但這些設備有不少比例是進口自國外，價格通常是天文數字，非名牌大學通常沒有足夠的教育經費來承擔這筆費用。

如果只是從教學而非研究的角度來看，一些設備並沒有採購的必要。讓學生在十分真實的 VR 世界裡模擬操作實驗，觀察實驗現象，已經足夠滿足教學需求。也就是說，VR 設備也能很好地緩解實驗設備等硬體教育資源的分配不均，只有研究級別的硬體需求才無法使用 VR 設備代替。

當然，虛擬實境技術的核心優點是空間資訊表現能力強，使用者可以非常真實詳細地觀看一件由電腦代碼組成的虛擬物品，並可以透過簡單的操作去拆解它，觀察物品內部的詳細構造。這一技術非常適合用於教育學生理解一些複雜的機械結構

和物理運動規律。比如許多學工程的學生，在第一次學習引擎的結構和原理時經常會感到吃力，因為引擎通常是由兩大機構和五大系統組成的，工作原理和過程也十分複雜，而書本顯然無法承擔如此複雜豐富的資訊量，學生們在閱讀教科書上對引擎結構和原理的描述時，只能依靠大腦艱難地想像。

透過虛擬實境技術，教育機構可以在電腦中建立引擎的三維模型，讓學生在 VR 設備中詳細觀摩，並「動手」拆解引擎的每一個零件，或者是從一個個獨立的零件組裝成一臺引擎，最終讓學生在反覆的觀察和「動手」組裝過程中深刻瞭解引擎的機械構造。最後，結合引擎工作狀態的動畫演示，讓學生對引擎的工作原理產生非常真實的理解。

除了科學知識的學習，VR 技術還能幫助學生更深入瞭解人文知識，提升藝術素養。國文課和歷史課對很多學生而言非常枯燥，缺少樂趣，學生很難透過文字和圖片就能感知到「大漠孤煙直，長河落日圓」的雄壯氣勢，又或者是領悟到春秋時代百家爭鳴時的自由氣氛。透過 VR 設備，學生們可以體驗每一個由教育產業業者精心製作的歷史場景，非常真實地感受特定環境，從而理解詩詞作者或歷史人物在特定瞬間的特殊感受。在未來，學生們可以借助虛擬實境技術「出現」在滕王閣，領悟詩人王勃在一千多年前所看到「落霞與孤鶩齊飛，秋水共長天一色」的美景。這種非常真實的媒介技術可以打破時空約束，讓學

生更真實更自由地接觸文藝作品，理解歷史事件，進而提高人文素養。

　　總結來說，虛擬實境技術在教育上的應用是非常有意義的，它能傳達比書本文字更有表現力的知識內容，讓學生更輕鬆地接受知識教育，跨越時空的特點也能促進教育資源分配更加平等，讓偏鄉地區的學生也能得到優質教師的口授教育，獲得更多實驗機會。當虛擬實境技術在教育產業得到廣泛且深入的應用，勢必會對現有的教育格局產生革命式的改變，對社會觀念的衝擊也才剛剛開始。

　　虛擬實境技術可以讓優質教育資源覆蓋到每一位青少年，讓所有學生都能享受到幾乎平等的受教育機會。然而，虛擬實境技術在教育產業的普及可能比大眾想像得要快，如果社會沒有做好相應的準備和改變，也許會帶來意想不到的負面結果。

　　法國社會心理學家古斯塔夫·勒龐（Gustave La Bon）在其著名的《烏合之眾》（*Psychologie des foules*）中，描述了 1895 年的法國現況：法國在推行免費義務教育後，法國年輕人的受教育水準大幅提高，而法國當時的工業化比較緩慢沉重，社會並沒有準備好足夠的工作機會，而那些接受過教育的年輕人又不願意去當工人或農民，最終導致法國社會有成千上萬的大學畢業生在爭奪一個最平庸的公務員職位，僅塞納一地就有幾千

名男女教師失業。

於是，法國政府透過最好、最普及的教育，培養出了一大批有文憑的年輕人，然而法國社會卻只能吸納一小部分，讓大部分大學生無事可做，成為悲慘的無產階級，最終成為社會不穩定因素。根據當時的數據統計，受過教育的罪犯數量是文盲罪犯的三倍，高文憑的普及並沒有促使社會變得更美好，反而導致了一代人的悲劇。

如果虛擬實境技術促進了優質資源的平等分配，那麼還會有人願意去職業學校學習專業技能嗎？它很可能會進一步促進年輕人湧向大學，追求象牙塔頂尖的真理和知識，社會卻難以在短時間內提供數倍於以往的高級工作職缺，那些受過高等教育的年輕人是否還能接受在工廠流水線上工作？這些在將來極有可能遭遇的問題將會考驗整個社會。

無論是在東方還是西方，讓孩子接受高品質教育的成本都是高昂的：在美國，讓孩子去一所一流私立高中就讀，需要承擔每年五萬美元左右的學費；在中國，讓孩子在一線城市就讀一流的高中，需要購買均價超過每平方公尺十萬人民幣的「學區房」，還要受到戶籍制度的限制……大量家庭已經在孩子教育上投入了難以計數的金錢，如果虛擬實境技術打破了教育資源的不平等分配，這些家庭花費天價才獲得的教育資源就能被所

第 8 章　體驗為王

有學生輕易獲取，他們能否平靜地接受這個現實？

　　虛擬實境技術在教育產業的應用，會導致學校存在的意義越來越弱。隨著虛擬實境技術的不斷發展，VR 設備能夠傳遞的資訊越來越豐富、真實，學生透過 VR 設備就能完成大部分、甚至是所有的學習任務，這導致學生對校園的依賴也就越來越小。如果大部分學校都被 VR 教育所取代，圍繞校園的一系列職位也將消失。如果 VR 教育能夠普及，學生只需要接受少數優質教師的口授教育，這導致大部分教師將被無情淘汰，超過一千萬人面臨失業困境。屆時，整個社會是否做好了吸納上千萬名失業教師的準備？這一切還都是未知數。

　　這是否意味著我們要拒絕在教育產業使用虛擬實境技術？歷史上存在似曾相識的情景：在工業革命初期，一群被機器取代工作的工人憤怒地砸毀機器，試圖阻撓新技術的應用，這種對抗機器、對抗新技術的暴亂持續了相當長的一段時間。當下的我們都會認為砸毀機器的行為是荒誕愚昧的，阻礙革命性新技術的來臨根本是異想天開；然而，當人置身於當時的情景中，自身的利益正在遭受侵害時，誰也無法坦然的接受新技術對自身帶來的無情傷害。

　　當然，絕大多數分析指出，除少數優秀教師之外，未來教育還是需要更多的助教、輔導老師類的老師，教師講授角色可

能會有所變化，大幅失業不太可能發生。那麼，人們究竟應該以什麼樣的態度面對 VR 教育？我們也許可以從生活在春秋時代的道家創始人老子那裡獲得答案。現有的教育系統在 VR 教育面前無疑是非常落後的，注定要被 VR 教育或更高級的教育形式掃進垃圾桶。然而，現行教育模式已經持續了數百年的時間，人類社會也基於該教育模式衍生了相應的組織結構、工作機會、社會理念等。貿然打破現有教育產業局面，並不會將社會立刻推向進步，而是帶來混亂和麻煩。面對 VR 教育，最理智的態度就是順其自然，社會不需要把 VR 教育當成萬能良藥去過度追捧，也不必對 VR 教育心懷戒備，更不必用行動抵制。相信 VR 教育的人自然會去使用，相信傳統教育模式的人自然不去關心 VR 教育，在持續若干年的教育模式轉型過程中，讓社會的每一位成員都逐漸做出自己的選擇，最終適應 VR 教育的存在。到了彼時，整個社會再輕裝上陣，接受全新的教育模式。

8.5 VR 遊戲

VR 遊戲是大眾消費者最容易理解的 VR 應用，無論是資本界的投資人，還是普通的大眾消費者，所有人都在期待著優質 VR 遊戲的誕生。在大眾消費者的期待中，VR 遊戲可以幫助每一位玩家走入好萊塢大片中的世界，像電影主人翁一樣經歷眼

第 8 章　體驗為王

花撩亂的驚險場面，讓視聽感官得到大大的刺激和滿足。

隨著科技的進步，我們有理由相信大眾期待的真實 VR 遊戲體驗一定會實現，並且會像電視機一樣普及到每一個家庭。然而，當下的 VR 技術還存在不少的體驗缺陷，尚不太可能想讓使用者完全沉浸在真假難分的 VR 世界裡。

現今，VR 技術在體驗上最明顯的缺陷就是糟糕的顯示效果。根據 AMD 公司發布的虛擬實境分析報告，至少要 16K 解析度的電子螢幕才能「欺騙」使用者的眼睛，故想要達到以假亂真的視覺效果，那就要等到 16K 螢幕量產。

VR 遊戲除了要看得爽，更重要的是能玩得爽。所謂「玩」遊戲，就是透過一些設備操縱遊戲內容。在 PC 上，玩家用滑鼠和鍵盤「玩」遊戲；在手機上，玩家使用手指觸摸螢幕來「玩」遊戲；在遊戲機上，玩家使用搖桿「玩」遊戲……那麼在 VR 系統中，玩家使用什麼來「玩」遊戲呢？

針對 VR 系統的資訊輸入技術還處於較為原始的狀態，還遠不能像顯示技術一樣提供「真假難分」的體驗。在前文中已經提到，VR 系統的資訊輸入技術正面臨著巨大考驗，使用者戴上 VR 眼鏡後，會出於本能地伸出雙手、邁開雙腿去探索 VR 世界；而精確到肢體動作的資訊輸入方式，此前主要用於電影特效等專業領域，在大眾消費市場領域，我們所看到的只有鍵盤、滑

鼠和搖桿等基礎資訊輸入設備。

如果一家 VR 遊戲公司對玩家說：「我們為你準備了一款非常真實的 VR 跑步遊戲，但是你得坐在椅子上用搖桿玩」，玩家能被打動並掏出錢包買單嗎？我看很難。VR 系統的資訊輸入方式必須足夠接近真實，甚至要真假難分，才能接受大眾消費者的嚴苛考驗，然而能夠滿足要求的資訊輸入技術，目前還很難確定理論上的最佳方案。即使這類技術已經出現，距離完全成熟並大規模普及也仍然很遙遠。

以具有半個多世紀歷史的遊戲搖桿為例，微軟為其遊戲主機 Xbox One 配備的遊戲搖桿研發費用超過一億美元，才能提供舒適的手感和一流的操作體驗，並且在價格成本和品質可靠性上都非常優秀。同樣地，針對 VR 系統的資訊輸入技術，不僅要在體驗上接受嚴苛考驗，還要保證價格的足夠低廉、品質的可靠性等所有大眾消費品都要面臨的問題，所以短期內恐怕還難以見到完全成熟的 VR 資訊輸入解決方案。

既然 VR 技術還存在許多短期難以解決的缺陷，是否就意味著 VR 遊戲近年不具備商業領域的價值？在電子遊戲領域，結論並不能說的太絕對。誕生於 1985 年的電子遊戲《超級瑪利歐》曾經風靡全球，為「七年級生」和「八年級生」的童年帶來難忘的樂趣。這款遊戲在今天看來，從各個角度都顯得十分原

第 8 章　體驗為王

始：沒有解析度可言的馬賽克畫面、簡陋至極點的音樂效果，以及單調的遊戲操作方式等，一系列在今天足以判一款遊戲死刑的缺點。然而，就是這樣一款在今天看起來簡陋到有些不可思議的遊戲，為任天堂公司帶來了巨大的商業成功和聲響：《超級瑪利歐》在全世界銷量已經突破三億套，成為遊戲銷售史上的神話。

實際上，《超級瑪利歐》的成功在於，設計師在技術局限的範圍內盡可能地注入了藝術心血和創意，這些創意讓《超級瑪利歐》經得住反覆體驗與時間考驗，最終成為一代人的經典記憶。《超級瑪利歐》給 VR 遊戲業者的啟發，是遊戲的魅力不一定要靠感官轟炸才能實現，透過創意設計也能帶來愉悅的遊戲體驗。

對 VR 遊戲產業來說，在資訊輸入技術缺失的情況下，研發對資訊輸入依賴程度較低的 VR 遊戲更切合實際。因此，VR 遊戲的魅力不能只依靠視聽感官的轟炸，還要想辦法加入其他因素吸引玩家，而這些因素通常需要聰明的創意設計。

以曾經風靡全臺的「偷菜遊戲」——《開心農場》例，這款遊戲的玩法十分簡單，玩家可以在一塊虛擬農田上播種種子，經過一定時間後可以收穫農作物。就是這款看起來平淡無奇的遊戲，居然在一夜之間席捲全臺，無論是學生、白領還是

中年婦女，每天都要打開電腦「偷菜」，不停與周圍人討論這款遊戲，《開心農場》儼然已經成為一種社會流行。

《開心農場》的成功祕訣，就在於遊戲設計師為遊戲加入了社交屬性，玩家可以去朋友的虛擬農田「偷菜」，並獲得相應的虛擬農作物。這樣一個簡單的玩法，一下子點燃了全臺網友的熱情，熟人之間互相偷菜已經成為一種社交互動的方式，也為大家創造了聊天話題。為遊戲恰如其分地加入社交因素，是《開心農場》紅遍全臺的核心原因，遊戲設計師創造性地為遊戲加入了社交屬性，使《開心農場》在沒有任何視聽體驗刺激的情況下征服了無數玩家，在這一點上，《開心農場》非常值得 VR 遊戲設計師借鑒。

比起 PC 或遊戲機上的遊戲，手遊對 VR 遊戲產業的啟發意義更大。與手機相比，PC 和遊戲機通常具有更強大的運算能力，配備了更大的螢幕和專業的遊戲搖桿等輸入設備。從視聽體驗的角度來看，手遊的表現力非常差，完全無法與 PC 和遊戲機上的遊戲大作相比；然而，手遊設備已經是全球玩家最多的平臺，手遊玩家數量早已超越 PC 和遊戲機玩家總數，手遊已經成為最重要的遊戲市場。在技術成熟之前，VR 遊戲和手遊所面臨的局面其實非常相似：視聽體驗很難超越電腦遊戲，輸入方式也不太理想。那麼，手遊是如何從 PC 和電腦遊戲裡搶奪玩家的呢？

第 8 章　體驗為王

　　手遊熱門的原因之一，是手機方便攜帶的特點使玩家可以隨時隨地玩遊戲，而電腦遊戲必須要回到家中才能玩得到。手機大大拓展了玩家的娛樂場景，玩家可以在上下班的公車、火車、候機室等場所玩手遊。然而，便攜性並不是手遊吸引了大部分玩家的唯一原因，玩家玩遊戲的根本原因還是因為遊戲充滿樂趣。手遊在難以提供視聽感官刺激的情況下，選擇融入創意設計來提升遊戲體驗，增加遊戲樂趣。以之前風靡全球的手遊《憤怒鳥》(*Angry Birds*) 為例，這款來自芬蘭的手遊創造了數十億次下載的奇蹟，為遊戲開發商 Rovio 公司帶來了響遍全球的美譽和上億歐元的利潤。

　　《憤怒鳥》在視聽體驗上根本無法與《決勝時刻》等電腦遊戲大作相比，《憤怒鳥》只是一款卡通風格的 2D 畫面遊戲，遊戲的玩法也十分簡單，玩家拖動彈弓將小鳥發射出去，讓小鳥擊中全部的小豬就算勝利。然而，這款遊戲和《超級瑪利歐》類似，遊戲設計師在每一個細節都加入了獨到的創意設計，從音樂效果到卡通形象再到鏡頭動畫，都充滿設計師的創意和心血。

　　所以，短期內 VR 遊戲的確面臨著技術不完美的局限，但這不意味著在技術成熟之前就不具備商業價值。透過精巧的創意設計，可以為形式簡單的遊戲賦予無窮的魅力。VR 遊戲設計師盡可能地發揮創意，為遊戲傾入更多的藝術心血，讓遊戲散發出視聽體驗之外的魅力。

8.6 體驗店

目前 VR 設備在商業化上最大的障礙，即是高居不下的價格成本。VR 眼鏡通常只是顯示器，不承擔運算任務，VR 眼鏡往往需要一臺電腦配合才能使用。如果為了追求更好的體驗，VR 系統需要一臺頂級規格的電腦來承擔運算任務，一整套硬體成本要超過五萬新臺幣，這對於絕大部分家庭來說都不是小數字，而目前 VR 產品的體驗還難以讓大眾消費者掏出上萬元。

在硬體成本隨著摩爾定律降低之前，VR 設備不太可能取得很大的銷量。如果為了追求價格低廉，只能透過大幅犧牲 VR 設備的體驗來實現，而這也失去了 VR 設備存在的意義，因為 VR 技術的核心賣點即是出色的視聽體驗。類似的局面也曾發生在臺灣八〇年代，當時電腦已經開始展現多媒體技術的魅力，許多人已經開始接受電腦，甚至沉迷。然而，當時一臺電腦在當時是許多家庭都難以承擔的貴重物品。在這種背景下，大眾消費者並沒有放棄對電腦的追求，而為大眾提供電腦使用服務的網咖應運而生。

網咖通常是由數十臺到上百臺電腦組成，網友需要使用電腦的時候只需要走進網咖，支付每小時的低額費用即可。網咖這一模式在電腦價格高昂、人均收入大幅提升之前，有效滿足了大眾對電腦的使用需求，它是電腦從專業領域邁向大眾消費

第 8 章　體驗為王

領域的中間形態，催生了巨大的商業價值，在當時有無數業主透過開網咖賺到了人生第一桶金。

VR 產品目前也處於價格高昂、大眾消費者難以承擔的狀態，而 VR 技術的魅力又讓人很難拒絕。在即將被點燃的 VR 需求面前，網咖模式對 VR 業者具有重要參考意義，這是在使用者需求和價格成本之間權衡得到的商業模式。一些商業區已經可以見到實體 VR 體驗店，一些創業者也開始注意到這一領域。

然而，在現今開一家 VR 遊戲體驗店，可能會面臨一些不小的考驗。Facebook 收購 VR 公司 Oculus VR 時，當時 Oculus VR 公司還沒有正式推出可以面向大眾的 VR 眼鏡，消費者版一直到兩年後才開始公開發售。與性能普遍過剩的 PC 不同，VR 產品目前還處於硬體層面日新月異的階段，巨頭科技公司還在試探各類技術方案，硬體迭代速度非常快。如果一家實體 VR 體驗店想要提供優秀的體驗給玩家，硬體設備就必須快速更新，可能要保持一年更新一次的頻率。這對體驗店的盈利能力提出了巨大的考驗，因為如果每年的盈利不能覆蓋營業和硬體更新成本，體驗店及衍生產業的商業前景就非常值得懷疑。

除了設備更新成本，體驗店還要考慮非常現實的營業成本。除去硬體損耗和更新帶來的成本，體驗店在營業過程中的成本主要來自租金，如何在有限的空間內盡可能地提高消費次

數和消費金額，是每一家實體店都要關心的問題。網咖的特別之處在於單臺電腦的占地面積非常小，顧客只需要坐在電腦桌前即可，一間中等面積大小的商店可以容納數十臺電腦和數十名顧客，商店面積利用率非常高。

然而，VR 體驗店的情況就沒有那麼理想，使用者在體驗一套 VR 設備時通常伴有肢體動作，甚至需要四處走動，這導致顧客體驗一套 VR 設備時所需的面積遠遠大於網咖裡的電腦，一間能容納數十臺電腦的商店，也許只能容納寥寥幾套 VR 設備，大大降低了商店面積的利用率。

面對這種情況，體驗店分別有兩種應對方案：第一種方案是抬高消費價格，將單次體驗的價格提高到兩百元以上，甚至更高；第二種方案是限定 VR 體驗類型，讓消費者坐在特製的椅子上戴上 VR 眼鏡體驗，大大減少顧客體驗一套 VR 設備所需要的空間面積。但就目前來看，這兩種方案都不太能讓 VR 體驗店走得長遠。

目前，在 VR 體驗店單次消費的時間是 5 ～ 10 分鐘，而價格卻達到幾百元，如此高昂的定價，導致顧客對在 VR 體驗店消費的態度只能是「嘗鮮」，VR 體驗店無法像網咖一樣成為日常娛樂方式。當然，都會居民很樂意花上幾百元錢嘗鮮，這使目前為數不多的 VR 體驗店還能擁有不錯的生意；但是當新鮮

感消失，VR 體驗店是否還能生意興隆？這是每一家體驗店店主都要考慮的事情。

至於限定 VR 體驗類型，讓顧客坐在椅子上體驗 VR 內容，也不是一個好主意。這種方案屬於讓顧客被動式體驗 VR 內容，顧客能否願意重複買單，取決於商家能否提供源源不斷的 VR 內容以持續刺激。畢竟顧客在 VR 設備上「不能動」，大大減少了 VR 產品的樂趣。

在大眾對 VR 技術還抱有新鮮感的時候，VR 體驗店會備受青睞；在新鮮感褪去之後，VR 體驗店能否解決服務價格、租金成本、硬體更新成本和內容體驗等問題，將是 VR 體驗店走向長遠的關鍵。就目前來看，VR 體驗店所面臨的問題並不簡單，不能理所當然地把 VR 體驗店比作八〇年代的網咖，只要營業就能賺錢。

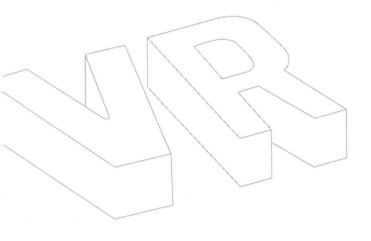

第 9 章

合作時代

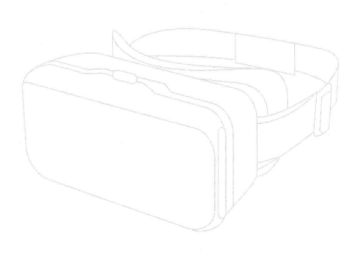

第 9 章 合作時代

隨著 VR 技術的不斷發展和商業化，VR 產品在不遠的將來會像手機一樣，成為人人必備的消費品。屆時，VR 產品已經能夠一定程度地擷取使用者的肢體動作和面部表情，在 VR 世界裡與他人交流的體驗變得可以接受，也具備了更廣闊的應用場景。

在這一階段，VR 技術的影響開始擴散到娛樂應用之外的領域。VR 技術本身是一種革命性的資訊傳播媒介，它像手機一樣，最核心的功能是人與人之間的資訊溝通，而當虛擬實境的技術水準和商業化進展都達到一定高度時，它將在資訊傳遞上發揮重要影響，改變人與人之間的合作方式，提高整個社會的合作效率。

9.1 基礎通訊：新時代的 LINE

手機從誕生之日就服務於使用者的通訊需求，隨著智慧型手機時代的到來，軟體憑藉更廉價、更方便的通訊功能，逐漸取代了傳統的電話和簡訊功能，手機通訊軟體已經像電話簡訊功能一樣，成為智慧型手機的標準配備。LINE 就一躍成為這個時代的幸運兒，幾乎覆蓋了全臺所有智慧型手機使用者。

現在，LINE 已經成為我們聯繫親朋好友、舉辦班級活動、工作溝通的重要工具。我們之所以無法離開 LINE，很重要的原因之一是 LINE 一定程度上打破了地理距離對交流合作的約束，

讓使用者以非常低的成本，與千里之外的人建立社交關係、發起溝通合作。透過 LINE，在都市工作的遊子可以每天與父母視訊通話，維繫感情；同事可以更方便地跨部門合作，以往需要冗長會議才能解決的問題，在 LINE 群裡也許只要五分鐘的討論⋯⋯

然而，LINE 並不能滿足所有的通訊需求。在手機上，人們彼此通訊的資訊形式還是以文字和圖片為主，資訊表現力還比較差，通訊軟體只能承擔比較初級的溝通合作需求。舉例來說，讓一家公司的所有員工都在家上班，只靠 LINE 保持聯繫、開展各種工作，是不切實際的。在現實生活中，有大量的溝通必須透過面對面的口語交流進行，才能將一些想法完整表達。然而，硬體技術決定了手機只能傳遞文字、照片和影音等資訊，在資訊表現力上還不足以承擔傳遞口語交流資訊的重任，這導致手機通訊軟體在應用場景上天生有局限。

VR 技術本質上也是一種資訊媒介技術，結合網路技術傳遞資訊，VR 設備也可以像智慧型手機一樣成為通訊聊天的工具。在現實生活中，口語交流的核心資訊內容，主要是豐富的面部表情、肢體動作和細微的聲音語調，只要當 VR 技術發展到可以精確擷取和還原使用者的面部表情與肢體動作時，那些必須依賴口語交流的溝通合作就可以透過 VR 設備來實現，LINE 在口語交流層面的遺憾將被 VR 通訊軟體所彌補。

第9章 合作時代

到了 VR 技術成熟、VR 設備也像手機一樣普及的時候,整個社會將再一次站在新型通訊時代的轉捩點。在那時,人們可以透過 VR 通訊軟體獲得接近真實的口語交流體驗,一切涉及口語的合作都將被遷移到 VR 世界中,一款滿足大眾通訊需求的 VR 版「LINE」也將熱門延燒。

VR 通訊軟體不僅具備了通訊 APP 的所有優點,還能突破它受到的局限。手機作為一類資訊傳播媒介,在傳遞效率和表現力上遠不如口語媒介,它的特長是打破地理約束、實現瞬間交流。在現實工作中,LINE 通常被用於同事之間互相通知資訊,或者簡單交換意見;至於更複雜的交流需求,往往是群組成員透過 LINE 約定開會時間和地點,在會議上面對面交流。VR 設備同樣具備打破時空約束的特點,而且還在資訊傳遞效率和表現力上接近口語交流,這意味著人與人之間的大部分資訊交流需求,都可以放在 VR 世界裡解決,VR 技術在人與人之間的合作組織形式上打開了更大的可能性。

在一些好萊塢電影中,我們都看到過類似的電影場景:跨國公司的總裁透過全息投影技術,出現在千里之外的公司會議室,與公司高層一起開會,最終做出商業決策,下達指令。會議結束後,總裁按下了手邊的開關,消失在千里之外的會議室。

這類看起來有些科幻的場景,所涉及的技術具有兩個特徵:

①能夠實現跨越空間距離的瞬時資訊傳遞；②提供接近真實的口語交流體驗。全息投影技術能否在未來具備這兩個特徵還有待研究，在現今來看，VR 技術似乎更有可能先實現好萊塢電影中的場景。

在 VR 通訊軟體的幫助下，一些工作內容對口語交流依賴較低的員工將助益良多，他們可以在任何地方辦公，對於工程師、新聞編輯、設計師等勞心者，他們完全可以在家工作，透過郵件、LINE 等與同事保持聯繫，需要與同事或客戶當面溝通的時候再戴上 VR 眼鏡即可。

隨著科技進步、產業升級，將會有越來越多人從勞力者轉為勞心者，而 VR 通訊軟體將進一步幫助勞心者，讓他們可以根據自己的喜好和心情決定工作地點，同時努力工作與享受生命。在當下，許多人不得不忍受都市的高昂房價、交通擁擠、環境惡化和醫療教育資源緊張等，而這些人當中有不少是高學歷、高收入的勞心者，因為只有資源集中的大都市才能提供他們想要的職位，小城鎮根本沒有滿意的工作機會。現狀是，優秀人才在大都市拿著看似豐厚的薪水，卻承擔著數倍、甚至更高的房價物價，還要過著低品質、低幸福感的生活。都市的企業為了能招到優秀人才，也要付出高昂的薪資成本，因為只有資源集中的都市才有大量優秀的人才。

第9章 合作時代

　　而在 VR 通訊軟體的幫助下，勞心者可以在小城市、甚至鄉下「找到」工作，企業家也不必再花費數倍的薪資成本在都市招募人才：一位服裝設計師可以住在山腳下，完成服飾設計工作；一位遊戲開發工程師可以住在海邊，開發出一款遊戲，一位記者可以在旅行途中，採訪千里之外的新聞人物……許多人形容，在都市的生活是沒有尊嚴的，而 VR 通訊軟體將幫助相當多的勞動者，讓他們在自由、受到尊重的環境下出色地完成工作。同時，對於文化創意產業，公司營運成本主要來自於人力成本，VR 通訊軟體也將幫助企業家以遠低於過往的成本將優秀人才聚集，打造出更好的產品，提供更優質的服務。

　　可以發現，透過 VR 通訊技術的普及應用，整個社會將在合作上節省大量的時間和金錢成本，社會生產效率也將大幅提高。歷史上，人類社會生產效率大幅提高的時代並不多，至今被世人記住的主要是農業革命、工業革命和電氣革命。VR 技術對社會生產效率的提高，能否如同工業革命一樣被載入史冊？這個問題在目前還是未知數，但人們或多或少能感知到 VR 通訊軟體的潛力是無窮的。

　　VR 通訊軟體不僅能改變人們的工作方式，還能深刻改變人們的組織形式。如今，找工作仍無法繞過當面面試的環節，又由於去異地面試需要付出不小的時間和金錢成本，一位求職者通常只能在一座城市內尋找工作機會。即使是在一座城市內尋

找工作，一天通常也只能完成兩三次面試，效率非常低，而求職者很難負擔長時間求職的時間、金錢成本，因此通常會主動降低預期去找工作。總而言之，離開舊公司尋找新工作的時間和金錢成本非常高，只有少數優秀人才才能夠快速地找到理想工作。久而久之，工作穩定的大公司就成為所有人心中的理想選擇，也許工作內容、公司環境甚至薪資待遇都不是自己最喜歡的，但大都不用擔心裁員或倒閉。

當一個社會邁入工業時代，社會的主流形態不再是小規模的宗族團體，而是員工數以萬計的大型企業。作為企業家，管理數萬名、甚至數十萬名員工是一件極其富有挑戰的事情。從公司的管理經驗來看，每個人的能力和精力有限，所能管理的團隊規模也很有限，在實際管理中，企業家只能將公司劃分為一個個團隊，每個團隊的負責人只需要管理少數成員，然後由中階主管管理各團隊的負責人，極少數的高階主管再管理中階主管等。最終大型企業的組織結構會變成自上而下、等級森嚴的中心化結構，每一個員工只能聽取並執行上級的命令，個人的想法無法向上傳遞，也無法得到尊重。

當社會的主流組織 —— 公司都是等級森嚴的中心化結構時，整個社會的價值觀念和風氣也會受到影響：每一個社會個體都逐漸把上級命令當作價值上的絕對正確，公司不需要個人的思考和選擇，只需要認真執行命令……最終，所有人都成為

社會分工合作體系上的一顆螺絲釘，社會風氣也變得沉悶憂鬱，整個社會的幸福指數大幅降低。

VR 通訊軟體的特殊之處在於，它可以瓦解傳統公司自上而下、等級森嚴的中心化組織，幫助每一個個體以更低的成本與他人建立連接，更快、更自由地尋找工作，還能在任意地點工作，並透過 VR 設備與同事深度合作……在這種自由的氛圍下，社會將催生出無數的小組織，它們尊重每位員工的想法和選擇，注重團隊默契，具有極高的溝通和合作效率。最終，效率低下的大公司將會逐漸被層出不窮的高效率小組織所顛覆，社會主流形態將不再是大公司，而是無數個形式鬆散的小組織，整個社會的價值觀念和風氣也將翻天覆地。

VR 通訊軟體的影響，不只是改變了社會的組織形態和價值觀念，它還將促進資源分配更加平等。如今社會的人才和資本都集中在少數都市，目的是方便企業家在都市中盡可能齊全地找到優秀人才和資本。

VR 通訊軟體為人與人之間的密切合作提供了新選項，人們可以透過 VR 設備跨時空溝通，並獲得接近口語的交流體驗。在 VR 通訊軟體的幫助下，一個專案或事業的發展不再需要一群員工聚集在特定辦公室，而可以停留在任何一個有基礎網路設施的地方工作。在這種合作模式下，社會資源不必再集中於

少數都市，人才和資本可以均衡地分布在各個地方，只有在需要的時候，透過 VR 技術將人才和資本集中在一起即可。當社會資源的分配更加平等時，城鄉的經濟差距也將快速縮小，任何具有基礎網路設施的鄉鎮都能進入社會的分工合作體系中，享受到社會進步所帶來的經濟紅利。屆時，也許人類社會一直所苦惱的資源分配不均問題將能有相當程度的緩解，社會也將更加穩定。

當然，每一種新科技的應用都是「雙刃劍」，總會有意想不到的影響和結果，而站在 VR 時代來臨之前的此時此刻，人們也很難準確預測 VR 技術在未來的影響。但從長遠來看，VR 通訊技術作為前所未有的資訊傳播媒介，也一定能不斷地改善人類的生活。

9.2 新型社交網路：下一個 Facebook 在哪裡

說到社交網路，要從網路本身說起。在網路誕生之前，社會主流的資訊媒介依然是報紙、廣播、電視等，這些媒介成為人們瞭解新聞、消遣時光最重要的方式之一。由專業人士打造的優質內容源源不斷地從報社、電臺、電視臺湧向社會中的每一個受眾，影響了全世界的生活方式和價值觀念。然而，這些媒介方式都有一個共同特點：它們的資訊傳遞網路是單向的，

第 9 章　合作時代

普通大眾只能被動地接受資訊，無法利用這些媒介技術低成本、大規模地與他人交換資訊。

作為媒介方式，網路技術是前所未有的革命產物。網路技術注重電腦之間的資訊傳遞，在資訊傳遞上，網路與傳統媒介有根本的不同。報社、電視等傳統媒介只能實現一對多的單向資訊傳遞，這導致傳媒媒介只能具有媒體屬性，它們的使命是對外輸出專業人士的優質內容；而網路技術在資訊傳遞網路上更接近口語媒介，它的底層資訊傳遞方式是點對點的雙向流動，就像人與人之間的口語交流，是資訊頻繁交換的過程。從網路技術在資訊傳遞上的基本特點來看，結合網路技術的媒介設備，天生適合人與人之間發展社交關係。

網路技術最早誕生於美國軍方實驗室中，後來隨著電腦和網路技術的商業化不斷發展，網路和個人電腦在 2000 年前後快速走入千家萬戶，網路技術在資訊傳遞方式上的特點，很快表現為舉足輕重的社交網路軟體。自 2000 年開始，網路技術在個人電腦上催生了 Facebook 等社交軟體，Facebook 更是從一家網站，一路成長到具備兩兆美元市值、仍在高速成長的企業。

網路技術在 PC 時代，催生出了覆蓋世界數十億人口的社交網路軟體，帶來了 Facebook 等深刻影響世界的巨頭公司，這證明了網路技術在社交領域的天生優勢。當智慧型手機面

世並在全世界流行，網路技術也在智慧型手機平臺上發揮著其在社交領域的優勢，帶來了 whatsapp，而 whatsapp 在以一百九十億美元的天價被 Facebook 收購後，兩位創始人分別獲得了六十八億美元和三十億美元的財富。

　　毫無疑問，只要網路技術應用在一類全新的媒介設備，就會催生相應的社交網路軟體；只要這類媒介設備能夠走入千家萬戶，覆蓋數以億計的使用者，相應的社交軟體就會迸發出千億元、甚至兆元級別的商業價值。VR 設備本身就是極具革命性的媒介設備，它不僅能夠像手機、個人電腦一樣透過網路技術傳遞資訊，還在資訊表現力上遠遠超過兩者，甚至能接近口語交流的體驗。顯然，網路技術將在 VR 平臺上催生出更有魅力的社交網路軟體，它能提供接近、甚至超越現實的社交體驗，在將來所爆發出的商業價值也自然遠遠超過已經是兆元市值的 Facebook 等社交網路公司。

　　總結來說，網路技術非常適合被用來發展社交軟體。網路技術在資訊傳播上具有天生優勢，不僅能夠跨時空的資訊傳遞，還能實現類似口語媒介的點對點資訊交換。透過適當的硬體設備為使用者帶來口語交流的體驗，再透過網路技術為使用者提供線上通訊社交服務。

　　口語媒介是人類的祖先在數百萬年前就在使用的資訊交流

第 9 章　合作時代

方式，在書面文字出現以前，人與人之間的交流幾乎完全依賴
於口語。數百萬年形成的基因記憶，讓我們與他人發起社交行
為時，最渴望的交流形式仍然是口語交流。然而，口語媒介並
非完美無缺，它的致命缺點是對話者必須面對面交流，而當彼
此空間距離超過十公尺，口語交流的體驗就非常差了，網路技
術的出現正好彌補了這一缺陷。

　　然而，在 PC 和手機時代，網路技術的應用確實克服了口語
交流的缺點，實現了跨越空間距離的瞬時交流，但也失去了口
語媒介在資訊表現力上的優勢。不論是 PC 還是手機，都只能憑
藉一塊不大的螢幕來傳遞圖像，而這塊螢幕很難生動地傳遞口
語媒介所蘊含的豐富資訊。早已普及的視訊通話，即是口語媒
介在 PC 和手機上的嘗試，然而在體驗上還是無法與面對面的
口語交流相較。PC 和手機在資訊表現力上的缺陷是硬體局限所
導致的，長久以來，人們沒能找到合適的解決方案，一直到 VR
技術再次出現在大眾面前。

　　「網路 +VR」的結合，解決了傳統社交網路軟體的缺陷，將
社交網路軟體推向接近完美的終點形態。VR 技術保障了口語媒
介的資訊可以被 VR 設備記錄和還原，網路技術提供了線上通
訊社交所需的技術條件，最終使得使用者可以在 VR 系統中以
生動真實的形象與他人口語交流，不受空間距離的限制。當口
語媒介插上了網路的翅膀，使用者可以躺在客廳沙發中，與身

在世界任意地方的陌生人「面對面」的交流。在二十世紀末，高度發達的媒介技術讓人們感嘆地球已經成為一座「地球村」，世界上任何一個角落的新聞都可以被電視直播傳遞到世界各處；在未來，虛擬實境技術將進一步讓「地球村」縮小，人類將在 VR 世界尋找到更貼近的陪伴感和存在感。

當然，社交行為是非常複雜的，人類的社交需求也是撲朔迷離、千奇百怪的。在現實生活中，不是所有的社交行為和社交需求都強烈依賴口語媒介，在某些情景下，口語媒介還可能會帶來困擾。從完整的社交概念來看，很難發明一種媒介技術能夠滿足所有類型的社交需求，每一種媒介都有相應的局限和優勢，也分別偏好不同的社交需求。例如，對於還處於曖昧時期的人來說，含蓄的書信更能傳遞翩翩風度和脈脈深情；對於闖蕩遠方的遊子來說，和家人面對面聊聊，是心中最大的盼望……雖然社交形式和需求有千萬種，在現代人的日常社交行為中，最常用到的媒介形式還是口語媒介，只要當「網路 +VR」的組合打造出口語媒介的社交網路軟體，下一個 Facebook 就將誕生於那個時代。

9.3 新型經濟模式：Uber 的啟示

在過去二十年，網路技術的商業化應用越來越深入，孕育

第 9 章　合作時代

出數不盡的網路公司和相應的就業機會。回顧整個網路時代的發展歷程，智慧型手機的橫空出世是一個極為明顯的劃分點，網友終於可以擺脫對網路線的依賴，將一個個應用程式裝進手機裡，在公司、家庭和網咖之外的場所也能夠使用網路產品，享受相應的服務。

可以說，智慧型手機帶來的行動網路，將網路技術的商業化推向了深水區。網路不再是人們坐在辦公室或書房才能用到的新鮮科技，人們每時每刻都可以使用網路軟體。人們可以在上班路上打開新聞網站；在開車時使用地圖軟體導航；在旅遊時使用軟體查找附近的美食餐廳……「網路 + 智慧型手機」的組合方式，將網路技術應用到我們生活中的大部分場景，為人類帶來生活上的便利和自由。

2010 年，一款名為 Uber 的手機軟體在美國舊金山地區推出，支持 iOS 和 Android 系統的智慧型手機。短短五年後，Uber 在金融市場的估值已經超過六百億美元，成為世界上規模最大的未上市網路企業。在這五年間，Uber 覆蓋了全球七十多個國家和四百多個城市，提供了數以百萬計的工作機會。目前，Uber 在全世界以每月數十萬的速度創造工作機會，並且這個數字還在持續成長。

Uber 作為一款手機軟體，為何能在短短五年內取得如此

成功的商業化成果？這個問題的答案要從網路技術身上尋找。Uber 是一款透過手機叫車的軟體，它的功能並不複雜，使用者可以隨時隨地使用 Uber 預訂一輛轎車為自己提供駕駛服務。比起傳統在街頭伸手攔車或者提前電話預約的叫車方式，Uber 使用者只需要在手機上點一個按鈕，就能找到司機。在這個按鈕的背後，是網路技術借助智慧型手機在發揮影響力。

Uber 的理念，是透過網路技術利用閒置的汽車，為需要乘車服務的消費者所使用，這套做法有效降低了全社會汽車資源的空駛率和閒置率。在以往，計程車在街頭常常是空駛的狀態，不僅消耗著汽油，還占用了寶貴的城市交通資源。這種情況下，不但司機無法將收益最大化，乘客也無法隨時隨地攔到計程車，結果是司機和乘客對現狀都不滿意。

Uber 的出現改變了持續已久的現狀。透過 Uber，每一位司機都能快速地找到周圍最近的潛在乘客，將乘客送達目的地之後，Uber 會繼續為司機指出附近的乘客位置，司機只需要聽從 Uber 的安排，就能避免大部分的空駛時間，節省下寶貴的汽油資源和交通資源。與此同時，乘客也只需要在 Uber 上按下叫車按鈕，Uber 就會盡快安排附近的車主在兩三分鐘內趕過來。Uber 藏在伺服器的後面，透過網路技術指揮著數以萬計的乘客和司機，即時運算著效率最高的路徑規劃和車輛分配方案。最終，人們透過 Uber 第一次感受到，叫車體驗原來可以如此高效

第 9 章　合作時代

快捷，許多人選擇讓 Uber 成為生活的一部分，甚至質疑購買私家車的必要性。

Uber 不止連接了空車與乘客，還成功利用了城市內的閒置私家車，每一位符合標準的私家車車主都能以 Uber 司機的身分為乘客提供乘車服務。許多上班族在週末搖身一變成為 Uber 司機，不僅能為乘客提供乘車服務，緩解大眾運輸壓力，還能獲得金錢收入，這種讓所有人都受益的商業模式在網路技術的幫助下實現了。

當 Uber 已經在全世界營運了數年後，Uber 的數據工程師發現每天都有大量乘客的乘車路徑是重疊的，造成了嚴重的資源重複消耗。以往這些乘客通常獨自享受汽車的乘坐服務，加上司機也就兩個人，而大部分汽車的准乘人數都在五人以上，也就是說每天有大量的汽車只利用了不到 40% 的乘客座位。在經過對大量數據的分析後，Uber 在一些城市試點推出了共乘功能，Uber 可以為乘客自動配對目的地接近的其他乘客，透過演算法算出最合適的行駛路徑，並派出車輛接收兩位乘客。透過共乘服務，乘客享受到了更便宜的乘車費用，車輛與汽油的利用率也大幅提高，並緩解交通壅塞現象。

Uber 不僅實現了巨大的商業價值，還創造了以共享為核心的新型經濟模式，帶來了更合理的資源分配方式。Uber 所帶

來的這些偉大創舉，核心原因是網路技術在發揮魔力。網路技術不只是能在社交媒體或社交網路中實現資訊的連接和雙向傳遞，還能在生活中實現消費者與服務或有形資產的雙向連接。

在 Uber 出現之前，乘客與車是割裂的關係，乘客通常只有走到街頭伸手攔車，才能建立與計程車的連接，這就需要計程車頻繁出現在街頭，造成大量的資源浪費。在 Uber 出現後，乘客與司機透過智慧型手機互相連接，乘客能夠在點一下按鈕後就叫到附近的車，司機也能在原地等到 Uber 指配的附近乘客，乘客與司機之間的關係不再是割裂的，而是系統的雙向連接，Uber 可以在乘客與司機組成的網路上做出調整，在不知不覺中影響司機和乘客的行為。

比如，在下班高峰期，Uber 會將平臺下更多車派往繁華的商業區，在辦公室下等待剛剛下班的乘客，解決了他們在下班高峰期間難叫車的難題。此外，在交通擁擠的時間段和區域，Uber 會適當提高價格，來滿足真正迫切需要叫車的乘客，並迫使部分乘客轉乘捷運、公車等交通方式，為緩解交通壅塞做出重要的貢獻。

Uber 還創新性的模糊了消費者與勞動者的區別，平日裡，乘客可以隨時變身為 Uber 司機，「專職司機」的概念在 Uber 的影響下逐漸變得模糊。在傳統經濟網路中，消費者與勞動

第9章　合作時代

者是位於網路兩端的重要節點，金錢和商品在這張網路上的節點之間流動。商人把產品賣給消費者，消費者把金錢支付給商人，這是數千年前就已經存在的經濟模式，如今正在被以 Uber 為代表的新型經濟模式悄然改造。

Uber 對經濟模式產生的影響，與網路技術對媒體產生的影響是十分相似的。在網路技術出現之前，電視、雜誌等傳統媒體所織就的資訊網路是單向、中心化的。文化領域的精英在資訊網路上的高處創作內容，以居高臨下的姿態將資訊發布給普通受眾，而普通受眾也只能被動接受資訊，內容創作者和內容消費者是涇渭分明的兩個角色，這兩種角色之間存在巨大的鴻溝。網路的出現帶來了全新的媒體形式，孕育了 Facebook、LINE 等完全不同於傳統媒體的社交媒體。在社交媒體上，每一個使用者不僅是內容創作者，同時也在消費著他人創作的內容，使用者在資訊網路上所扮演的角色是模糊的，可以是內容創作者，也可以是內容消費者，資訊在網路上的節點之間雙向流動，最終形成了大眾參與的扁平化媒體，每時每刻都在創造數量和品質都令人吃驚的內容。

在 Facebook、LINE 等產品中，網路以前所未有的方式將人和資訊連接在一起，重新定義了大眾在資訊產生、資訊傳遞和資訊消費中的角色。網路叫車軟體 Uber 正在做的事情也有類似的影響，Uber 也是以前所未有的方式將人與汽車連接在一

起，重新定義了大眾在叫車產業的角色，每一位符合標準的普通人都可以成為司機，為他人提供乘車服務，也可以作為乘客消費。司機與乘客的角色正在被 Uber 模糊，計程車業的傳統經濟網路也在接受升級改造。

Uber 所發揮的神奇魅力是透過「網路 + 智慧型手機」的搭配組合實現的。然而，類似 Uber 的例子並不多，以至於 Uber 還在被當成典型來解讀。網路技術的核心是資訊的流動，而智慧型手機所能傳遞的資訊還有限，在表達某些類型的資訊時表現力會比較差，尤其是口語資訊，而許多依賴於人的資源通常是透過口語媒介交換，這意味著在智慧型手機上很難完成此類資源的組織與交換，網路對現實社會的影響也就因此受到局限。

接受過十多年教育的我們都知道，教育服務的品質很依賴於教師的口語授課水準，優秀的教師能夠在與學生的面對面交流中高效完成知識傳授，讓學生獲得事半功倍的學習過程。然而，智慧型手機在目前還是無法承擔教師口語授課的需求，學生隔著螢幕很難感知到教師所想表達的全部資訊，教師若選擇透過智慧型手機口語授課，實際效果將大打折扣。

好在，VR 技術的出現彌補了智慧型手機在資訊表現力上的缺陷，「網路 +VR」的組合會在不遠的將來逐漸取代「網路 + 智慧型手機」，發揮出更大的價值和影響力。網路的無窮魅力來自

第 9 章　合作時代

於資訊自由流動所產生的效應，而 VR 技術能夠幫助網路技術傳遞更深度、更全面的資訊，從而讓人與資源更廣泛、更深刻的全方位連接。

說到連接，我們所熟悉的電子商務網站一直致力於人與商品的連接，隨著網路的普及，電子商務網站開始流行，並且在短短數年時間內就改變了大眾的消費習慣，對實體經濟造成了深遠的影響。有人說，只有基於體驗的服務產業才能不被電子商務網站所顛覆，因為電腦和智慧型手機在資訊表現力上天生有缺陷，而教育、諮詢等服務較依賴於從業人員與客戶之間的面對面交流，而基於電腦和智慧型手機的電子商務網站幾乎不可能提供體驗良好的服務業產品。

但在成熟的 VR 技術來臨之後，這種觀點恐怕要被現實修正。人與物品的連接，已經在基於電腦和智慧型手機的電子商務網站上實現，人與人的連接也將在基於 VR 技術的全新電子商務上廣泛、深入的應用。在 VR 電商平臺上，購買一位潮人的形象設計服務將變得十分普遍，商品的概念將不再只局限於實物，許多人將會透過在 VR 電商平臺上出售技能與服務來獲得收入，也能隨時轉變為消費者尋求需要的服務。

從電子商務的例子來看，「網路 +VR」的組合，在人與資源的連接上具有非常明顯的優勢，它將改變傳統經濟模式當中的

經濟網路，讓金錢和商品以前所未有的方式流動，最終催生出全新的經濟模式。這種經濟模式的面貌是當下的我們所無法預測的，就像誰也想像不到一款不起眼的叫車軟體 Uber，能夠顛覆人類利用汽車資源的方式，衝擊全世界的計程車業。唯一可以確定的是，「網路 +VR」所帶來的商業化應用，將大大提高人類社會在各方面的效率，提供更好的生活品質。

第 9 章　合作時代

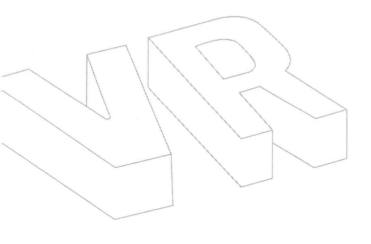

第 10 章

移民時代

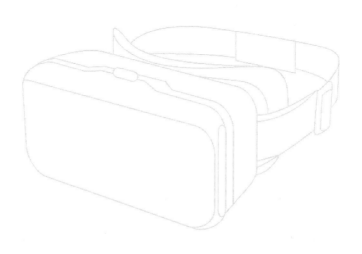

第 10 章　移民時代

隨著 VR 技術在商業領域發揮出越來越重要的商業價值，人類社會對 VR 技術的研發投入也會越來越大，因此，如果用座標系統上的一條線來描述 VR 技術的發展進度，它一定是一條加速向上成長的拋物曲線。隨著科技的進步，我們可以預見 VR 技術將在不太遙遠的未來抵達理想終點：人類的所有感官都將被 VR 技術滿足。

在這一階段，現實世界與 VR 世界開始變得真假難分。面對這兩個既相似又不同的世界，我們不難做出預測，體驗與現實無異、但遠比現實世界自由的 VR 世界，一定會在某一天成為絕大部分人類的精神歸宿，人類向 VR 世界發起大規模移民只是時間問題。在 VR 世界裡，人類不再受到時空距離的限制，也不需要為由代碼組成的虛擬資源而發愁，甚至不太受到物理法則的制約。對於這一階段的人類社會，值得研究的是意識型態的轉變。

10.1 全新生活方式

當虛擬實境技術所構造的完美世界向人類發出召喚時，人類很有可能還在工作以維持世界的運轉。VR 世界很美好，但人類向 VR 世界大規模移民的前提，是現實世界的運轉不受影響，一個高度自動化的社會也許會因此加速來臨。但在實現社會生

產高度自動化之前，人類必須先掌握四項技術：人工智慧、語意網路、大數據和物聯網。

10.1.1 不可怕的人工智慧

2010 年，神經科學家兼人工智慧工程師傑米斯‧哈薩比斯（Demis Hassabis）在英國倫敦創建了人工智慧公司 DeepMind，致力於將機器學習與系統神經科學的尖端技術結合，建立強大的通用學習演算法。2014 年 1 月，Google 斥資四億美元收購 DeepMind 公司，使人工智慧概念開始受到業界廣泛關注。

DeepMind 是一家致力於研發人工智慧的科技公司

當人們還對人工智慧抱有疑慮時，DeepMind 公司很快就向世人證明，Google 的四億美元投資是值得的。DeepMind

第 10 章　移民時代

公司開發出了一款自動下圍棋的程式 AlphaGo，並向世界頂級圍棋手發出挑戰。2015 年 10 月，AlphaGo 以 5：0 完勝歐洲圍棋冠軍樊麾，緊接著在 2016 年 3 月，AlphaGo 與曾經獲得十四個世界圍棋冠軍的李世石進行圍棋比賽，最終以 4：1 的成績大勝李世石，在世界圍棋手排行榜行位居第二，僅次於中國天才圍棋手柯潔。

DeepMind 公司透過這場圍棋賽一舉世界聞名，人工智慧概念也一度成為社會焦點話題，產業精英與普通大眾都被人工智慧的強悍實力所震撼。在 AlphaGo 擊敗李世石成為世界新聞焦點時，DeepMind 公司隨之宣布將致力於把 AlphaGo 背後的人工智慧技術應用於醫療、機器人等領域，為世界提供更好的科技技術，讓人們能逐一解決醫療、工業等領域所面臨的難題。

擊敗人類的人工智慧究竟是什麼東西？在現今，大眾對人工智慧的嚴格定義並不瞭解，對人工智慧的瞭解還停留在《魔鬼終結者》（*The Terminator*）等好萊塢大片對智慧機器人的科幻描述：人工智慧就是讓機器能像人類一樣思考和行動的技術，又由於部分科幻小說和科幻電影把智慧機器人描述成具有獨立意識的人類敵人，人們通常對人工智慧持有負面態度，並且對人工智慧的理解也停留在「像人類一樣思考」。

實際上，人工智慧還遠未達到完整模擬人類大腦的程度。

目前人工智慧技術主要致力於在電腦上模擬人類某一領域的思考、判斷和行動。圍棋是一項基於固定規則的棋牌遊戲競技，AlphaGo 所做的事情是提供特殊的演算法，在圍棋規則的約束下找出最佳的下棋策略，人工智慧的底層邏輯仍然是基於數學的運算，而非接近人類的思考方式。

就目前人類社會的科技水準來看，更切合實際的人工智慧技術，其實是以代替人類執行某項技能為目的；近年來熱門的無人車技術也屬於人工智慧範疇，而比起《魔鬼終結者》電影裡的邪惡機器人，無人車技術更接近現今人工智慧的定義。

在十幾年前，電腦的發展已經讓世人驚嘆，人們不再懷疑電腦的巨大價值，開始討論有哪些事情是電腦永遠無法做到的；而經過認真的分析討論後，人們認為開車是電腦永遠無法代替的任務。每一位拿到駕照的司機都明白汽車駕駛的複雜性，要隨時根據交通情況做出細微的調整，無論哪一步做錯了都有可能導致嚴重的交通事故。人們認為駕駛過程涉及人類的主觀判斷，且這些主觀判斷很難用以數學為基礎的電腦代碼重建。

而為了能夠在十年後至少三分之一的軍用車輛可以自動駕駛，曾經推動網路和全球衛星定位系統（GPS）等技術發明的美國國防高等研究計劃署（Defense Advanced Research Projects Agency，DARPA）決定每年舉辦一場自動駕駛大賽，

第 10 章　移民時代

懸賞一百萬美元用於吸引全世界的團隊研發自動駕駛。

在第一屆自動駕駛大賽上，獲得第一名的自動駕駛只行駛了幾公里，這個結果印證了當時人們對無人車的判斷，未經「磨練」的電腦根本無法勝任汽車駕駛的重任；然而，他們的想法很快就被事實改變。在第二年，更多的自動駕駛團隊前來參加大賽，在他們當中已經有汽車能夠毫髮無損的獨立橫穿沙漠，顛覆了人們對無人車的印象。

下圖就是 2005 年獲得自動駕駛比賽大獎的團隊 Stanley，中間穿著藍色外套的就是時任史丹佛大學人工智慧實驗室（Standford Artificial Intelligence Laboratory）的總監賽巴斯蒂安·特龍（Sebastian Thrun）。他是史丹佛大學的正職教授，年輕時因為一場車禍失去了一位朋友，從那以後，他開始研究自動駕駛技術，讓交通安全得到更好的技術保障。

在 2009 年，特龍以 Google 副總裁的身分，與他人聯合創立了 Google X 實驗室，該實驗室致力於所謂月球 X 大獎（Google Lunar X PRIZE），挑戰當時看起來不可能實現的技術，其中包括無人車技術。

獲得自動駕駛比賽大獎的團隊 Stanley

到了 2012 年，特龍率領團隊研發出的 Google 無人車開始在美國道路上測試，這些汽車通常不是真的「無人」，而是會有一位測試員坐在副駕駛座位上，但汽車的駕駛完全是由車載電腦完成，沒有任何人會干預汽車的駕駛過程。Google 為何放心讓無人車上路測試？每一輛 Google 無人車都配備了一系列的雷達和感測器，時刻判斷汽車的狀態和周圍的環境，並透過一系列演算法分析外部交通環境，做出相應的駕駛決策。

Google 無人車已經累積行駛 210 萬公里以上，其間只發生了少數擦撞事故。雖然離真正的成熟還很遠，但電腦已經比許多人類司機做得還要好了，隨著無人車技術的不斷完善，終有一天無人車將成為所有汽車的標準配備。而這一天，在可預見

的未來就能實現。

　　無人車技術不僅能夠緩解人類開車的勞累，還能帶來更安全的交通環境、更高效的資源利用。在無人車技術普及的時候，每個都市的交通管理部門都可以即時控管都市道路上的每一輛汽車，透過統一控管解決以往難以解決的交通壅塞問題。乘客上車只需要選擇終點目的地，具體路徑卻是由交通管理部門所控制，這樣可以更好緩解交通壓力，也能更高效利用交通資源。

　　實際上，無人車技術不僅能夠帶來更好的交通環境，還能改變人類對汽車的認識。在當下，人們已經可以使用 Uber 等手機 APP 叫車，司機就會在三五分鐘內出現在乘客面前。當無人車技術真正普及時，乘客只需要在出門前在手機上預約，三分鐘後就會有一輛汽車出現在門口，上車之後汽車將自動前往預定目的地。在到達目的地後，乘客只需要下車離開即可，不用擔心汽車停車位等惱人的問題，無人車將自動離開，前往下一位乘客的所在地。

　　這種共享經濟所發揮的價值，要比 Uber 還要大無數倍，「無人車技術＋網路」的組合，直接讓汽車成為空氣一樣隨手可得的資源，而整個社會的汽車持有量卻大幅下降，只需要以前汽車持有量的零頭就能滿足人們對出行的需求。便利性和高效

的資源利用非常罕見的可以兼得，這就是人工智慧最切實際的應用和影響。只要給電腦足夠的數據學習和判斷，它就能在某一領域實現接近人類甚至超越人類的判斷、決策和行動。

在未來的某一天，如果具備人工智慧的電腦想要完全接管社會生產、維持社會運轉，就必須脫離對人類指令的依賴。在現今，電腦的主流應用方式還是依賴於人類的指令，先由人類蒐集任務資訊，做出判斷，然後將任務轉化為電腦能夠理解和執行的具體指令。如果想要讓人類從電腦的應用過程中徹底退出，電腦必須要能夠自己蒐集資訊、理解資訊，然後作出相應的判斷，並替自己下達具體的指令。

我們都知道，電腦所能讀懂的資訊，本質上都是 0 和 1 組成的數字，而人類的資訊是非常複雜的，電腦還沒有聰明到能完全理解人類的語言。為了實現社會高度自動化，人類必須發明一種幫助電腦理解文字的技術，讓電腦能夠獨立完成任務，不再依賴人類的指令。

10.1.2 語意網：讓電腦理解人類

英國著名電腦科學家蒂姆·柏內茲·李（Tim Berners-Lee）是全球資訊網（World Wide Web，縮寫為「WWW」）的發明者，他將圖片、影片、文字等文件資訊結合起來，透過超文件傳輸協定（HTTP）將這些資源傳遞給使用者。正因為蒂姆·柏

第 10 章　移民時代

內茲·李所創造的全球資訊網，今天的我們才能如此方便地享受到繽紛多彩的網路世界。

目前，我們所熟悉的全球資訊網只是將各類文件資訊組織在一起，是一種儲存和共享文件、圖像的媒介，而電腦並不瞭解這些文件資訊的具體意義。也就是說，全球資訊網面對的對象其實是人。1998 年，蒂姆·柏內茲·李提出了一個新穎的概念，認為存在一種網路，能夠詮釋文件資訊的意義，並被電腦所理解，他將這種網路命名為語意網（Semantic Web），核心是透過為文件添加能夠被電腦理解的語意「元資料」（Meta Data），從而使電腦理解儲存在硬碟和網路空間上的所有資訊。

語意網的核心任務，是為全球資訊網上的文件資訊加上一層可以被電腦「理解」的語意資訊，側重點是要讓電腦真正「理解」我們的意圖。在語意網建成之前，電腦在全球資訊網上只能做到「看，這裡有一篇文章」，而無法做到真正理解這篇文章的內容和意義；而在語意網建立以後，電腦所能理解的資訊將會更加全面和深刻，電腦的應用場景也將進一步擴大。

例如，某天晚上你突然想看一部七〇年代的香港喜劇電影，你只需要打開電腦，在語意網上輸入「播放七〇年代的經典香港喜劇電影」，此時電腦能夠立刻明白你的需求，並且自動到網路上的影視資源中尋找符合條件的電影，最終播放你想要

觀看的電影。如果沒有語意網，你就得自己去各大影視資源網站，按照條件一個個查找，而電腦只能執行每一次滑鼠點擊等最簡單的指令。

同樣，語意網可以為每一條新聞打上詳細的標籤，描述這條新聞的作者、話題、新聞地點、主人翁等資訊，電腦可以非常靈活地為讀者提供精確匹配的新聞內容，只要讀者能告訴電腦想看什麼樣的新聞。

在未來，人類終將一座城市的天氣數據、人口數據、汽油價格等數據統統輸入電腦，電腦將透過語意網技術分析數據的含義以及數據與數據之間的關係，最終分析出這座城市每天的電力消耗量、食物需求和垃圾產生量，並由此做出決策，對發電廠下達發電功率指令、向附近縣市購買糧食、安排垃圾車運輸垃圾等。

透過語意網技術，人類不再需要將需求分解為若干電腦能夠理解的指令，電腦將直接理解人類的需求，並自動安排和執行任務。在語意網技術的幫助下，只要電腦能夠源源不斷地獲取大量數據，電腦就能準確地理解現實世界的環境狀況，並且據此做出下一步決策，保障現實世界的良好運行，從而讓更多人沉浸在 VR 世界裡。

10.1.3 大數據有大智慧

大數據已經成為大眾耳熟能詳的名詞，而最早提出大數據時代到來的是麥肯錫公司（McKinsey & Company），其稱：「數據（資料），已經滲透到如今每一個產業和業務領域，成為重要的生產因素。人們對於大量資料的探勘和運用，預示著新一波生產率成長和消費者盈餘浪潮的到來。」

大數據究竟是什麼？不同的企業和學者對大數據提出了不同的定義。作為世界領先的資料儲存公司，EMC 對大數據的定義是「資料規模足夠龐大，一般單一資料集的大小在 10TB 左右，如果將多個資料集放在一起，通常會形成 PB 級的資料量」。而從資料來源來看，大數據還指這些資料來自多種來源。

EMC 指出，大數據的特點是資料量龐大、資料來源豐富。研究機構 Gartner 對大數據提出了進一步的定義：大數據是需要新處理模式才能具有更強的決策力、洞察發現力和流程優化能力，以適應大量、高成長率和多樣化的資訊資產。

麥肯錫全球研究所對大數據提出了更詳細的定義：一種規模大到在獲取、儲存、管理、分析方面大大超出了傳統資料庫軟體工具能力範圍的資料集合，具有大量的資料規模、快速的資料流轉、多樣的資料類型和價值密度低四大特徵。

在世界一流的企業和研究機構看來，大數據的核心價值不

在於資料量之大，而在於對大量資料的專業化處理方式，從資料中得到具有重要決策價值的資訊。如果把大數據產業比作製造業，該產業最核心的價值在於獨特的製造加工技術，而非原材料的稀缺性。

從本質上來說，大數據為我們觀察世界提供了一種全新思維。在大數據時代來臨之前，許多資料能夠被探勘的價值不高，甚至沒有價值；但在大數據時代，同樣的資料卻可以被探勘出重要的資訊。

一間知名電商的副總裁表示：「我們可以得到買家的訪問量、固定頻率、偏好商品等淺層分析。未來將有更多數據，讓我們不僅能看到商家銷量的高低，甚至還可以看出其原因。」基於大數據技術的應用，商家可以更準確分析出顧客的消費喜好、滿意度和購物流程體驗的好壞，從而改良銷售策略、提升購物體驗，最終讓銷售利潤成長。

對於具備人工智慧和語意網技術的電腦而言，大數據是電腦瞭解世界的窗口。透過對大量數據的專業化處理，電腦得到具有重要價值的資訊，這些資訊將幫助電腦做出更準確的決策，減少人類的思考工作量，讓人類在 VR 世界中更加輕鬆。

10.1.4 物聯網：一鍵控制世界

隨著科技的發展與普及，人類社會已經進入必須依靠機器

第 10 章　移民時代

才能正常運轉的狀態。不論是發電機、燈泡還是家裡的洗衣機，都成為維持世界運轉必不可少的機器設備。目前，這些設備主要還是依靠人類親手操作才能正常運行。如果人類在未來某天決定「撒手不管」，整個世界將陷入癱瘓之中。而為了避免這一結果，我們必須為這些機器找到新的「主人」。

電腦在人工智慧和語意網等技術的幫助下，已經具備相當聰明的「智力」。電腦可以透過大數據判斷一座城市的電力需求，從而控制發電廠的負載狀態，還可以透過氣候、人口、季節的變化來判斷一座城市的糧食需求，並通知糧食產地的無人貨車運輸指定重量的糧食。從「智力」水準來說，電腦有能力代替人類操縱和管理機器設備，唯一的問題就是，如何讓電腦與所有的機器連接，達到瞬時遠端控制。

把物品與電腦連接的想法，在 1980 年代就出現了。卡內基梅隆大學研發出了一臺可以聯網的可樂販賣機，它能夠報告庫存中的可樂數量以及可樂的溫度，這是第一臺連接到網路的電器；1999 年，麻省理工學院的凱文·阿什頓（Kevin Ashton）教授在研究 RFID 技術時，提出了在電腦網路上利用無線電頻識別等技術，構建一個全球物品資訊即時共享的「Internet of Things」——由此正式提出了物聯網的概念。

自物聯網概念誕生以來，日本、韓國、美國、歐盟和中國

等國家，紛紛提出了大力發展物聯網的國家策略。日本總務省提出 u-Japan 計畫，力求實現人與人、物與物、人與物之間的連接，將日本建設成一個隨時、隨地、任何物體、任何人均可連接的「無所不在網路」（Ubiquitous Network）社會；韓國政府隨後也發布了 u-Korea 計畫，旨在建立一個「無所不在的社會」（Ubiquitous Society），讓民眾生活在一個遍布智慧型網路和各種新型軟體的環境裡，隨時隨地享有智慧科技服務，韓國通訊委員會也頒布了《物聯網基礎設施構建基本規劃》，將物聯網確定為新成長動力。

2008 年，IBM 公司提出了「智慧地球」（smart earth）的概念，前美國總統歐巴馬也曾公開肯定了 IBM「智慧地球」思路。在 IBM 公司的設想當中，電腦和物聯網的應用能夠讓人類獲得關於現實世界更全面的數據，更深入瞭解和管理城市，從而降低城市能源消耗、緩解交通壅塞、甚至減少犯罪。有分析認為，IBM 提出的「智慧地球」策略，與當年的「資訊高速公路」（nformation superhighway）有許多相同之處，被認為是振興經濟、確定競爭優勢的關鍵策略。

根據麥肯錫全球研究所（McKinsey Global Institute）的估計，到了 2025 年，物聯網產業將具備十一兆美元的經濟價值。物聯網的發展在近年十分迅速，物聯網應用開始從智慧家居、穿戴式設備和聯網汽車（Connected Car）等領域侵入人類

的生活。未來，全世界連接入網的設備將超過 500 億件，其中包括 2.5 億輛聯網汽車，航空飛機的引擎和推土機都會加入物聯網，為人類社會帶來數據與連接的爆炸式成長。

當物聯網發展到終極形態時，也許一切物品都能透過一個小小的晶片連入網路。屆時，數以百億計的物品將持續不斷地向電腦回饋資料，告訴電腦現今世界的運轉情況。電腦透過大數據、語意網和人工智慧等技術分析物聯網傳來的資料，並根據分析結果做出決策，直接遙控物聯網中數以百億計的物品，保證現實世界良好運轉。

10.2 消費理念的轉變

如果用一句話描述過去數千年間人類的消費理念，莫過於「人為財死，鳥為食亡」。資源稀缺永遠是縈繞在人類頭頂的夢魘，為了能以更有尊嚴的方式生活下去，每一個人都要面臨關於資源分配的爭鬥。

在工業革命到來之前，幾乎所有人類都必須在土地上辛勤耕作，或者在大海中與風暴搏鬥，才能獲得寶貴的碳水化合物和蛋白質，維持家庭的生計。更為殘酷的是，十八世紀英國經濟學家馬爾薩斯（Thomas Robert Malthus）發表了著名的《人口論》（*An Essay on the Principle of Population*），揭示了人類社

會在發展過程中所面臨的殘酷陷阱：土地糧食產出是有上限的，在生產力低下的農業社會，這個糧食產出上限多次被觸及，帶來的結果是以戰爭為主要形式的消滅人口運動。在這一過程中，人類與大自然搏鬥已經不可能獲得更多的糧食了，只能將武器揮向同胞，生存者將獲得寶貴的資源。

即使到了工業社會，人類溫飽問題已經改善許多，關於資源的爭鬥仍然沒有停止。資本主義將社會推向了一個無法停止的倉鼠滾輪，整個社會只有不停奔跑才不會摔倒。這一制度的確使一些國家的經濟大幅成長，讓國民堅信勤奮工作能換來更好的未來；然而，資本主義的經濟理論是建立在稀缺性基礎上，資本主義又使用金錢代替武力作為分配資源的方式，即只要有足夠的錢，就能獲得絕大部分可以獲得的資源。

而為了在資本主義社會中獲得盡可能多的資源，絕大部分人需要工作來獲得金錢；為了在工作競爭中具備更多優勢，人們又必須在教育資源上注入巨大的投資；為了能夠獲得更好的教育資源，人們又必須獲得足夠多的金錢……整個社會就像一列失速前進的火車，巨大的慣性使它無法停止或轉向，人類就像滾輪中的倉鼠疲於奔跑，不知道如何停歇。

在資源永遠稀缺的現實背景下，絕大部分人對消費的理解是以生存利益為核心。在農業社會，人們會為了提高耕作效

第 10 章　移民時代

率而購買農具，或者是為了戰爭而購買武器；在現代社會，人們需要為更優越的工作而投資教育，為了教育和安全感而投資房地產。在一些由於歷史和科技因素已經進入高福利社會的國家，普通國民對資源稀缺的壓力感受不大，在消費行為上更多偏好娛樂消費，尋求精神世界的滿足。

然而，高福利國家的財政支出非常誇張，希臘、西班牙、義大利等已開發國家，在貫徹一段時間的高福利政策以後都陷入了經濟困境，財政赤字連年成長，學者們驚呼高福利已經成為已開發國家的陷阱，義大利年輕人的失業率甚至曾達到 44.2% 的新高，整個社會瀰漫著缺少希望的氛圍。而重創歐洲的金融危機，讓人們開始反省高福利社會的永續性，如果沒有生產力的革命性突破或地緣政治的巨大變動，歐洲已開發國家的高福利社會恐怕難以長久持續。可以說，在現實世界裡，資源分配不均是人類永遠逃不過的悲劇宿命。

然而，在幾乎沒有資源限制的 VR 世界，人類社會的命運能徹底的改變嗎？

在 VR 世界真正到來之前，所有長遠和深刻的預測都顯得缺少說服力。不過可以確定的是，資源更加充裕的 VR 世界或多或少能夠讓大眾的壓力緩解。在 VR 世界裡，基於視聽體驗的消費體驗讓人真假難分，人們不難算一筆帳，對比現實世界

與 VR 世界的消費行為，並逐漸投向 VR 世界的懷抱。

如果科技能夠進一步突破，徹底破譯人類的所有感官，使 VR 技術能夠提供真實全面的感官體驗，那麼不難想像，人類將會大規模遷移至 VR 世界，屆時人類將迎來一個真正以精神享樂需求為核心驅動力的時代，所有的消費行為都將發自於內心的真實需求，而非在深思熟慮、權衡利弊後做出艱難選擇。

人類是否會因此變得更開心？這個問題比預測 VR 技術的長期影響還要複雜。人類在漫長的演化中形成了以生存為首要目標的獎懲機制，如果一個人獲取了較多的資源，他就更容易獲得安全感，更能放鬆享受生活。

那麼如果有一天，人類面臨一個幾乎不缺少資源的世界，那我們在幾萬年演化中習得的生物本能將完全作廢，也許也會迷失生活的意義吧。

第五篇　社會革命：被技術改變的大腦

數千年前，金屬農具帶來了農業革命，將全人類推進農業社會；兩百多年前，蒸汽機使機器開始取代農具，工業文明和資本主義開始傳播到世界的每個角落；誕生於二十世紀末的網路技術，已經將全世界緊密聯結，在潛移默化中改變人類對世界的認知……

虛擬實境技術注定會在方方面面影響人類社會，不僅改變了年輕人的娛樂方式，從長遠的時間來看，還會深刻地改寫人類的意識型態，重新打造人類社會的組織形式。

在這一篇中，我們將討論技術是如何影響大腦，而 VR 技術又將對人類的大腦帶來怎樣的影響。

第 11 章

媒介決定論

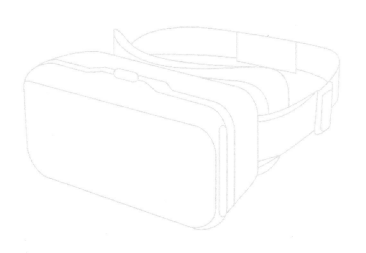

在人類發展歷史上，媒介技術大概經歷了從口語到文字再到廣播、電視的發展過程。有學者發現，隨著媒介技術的發展，人類社會所處的狀態也有相應的改變；還有學者甚至發現，隨著人類社會階段式發展，社會轉折的時間點與媒介技術獲得突破式發展的時間點大致吻合。於是，一些學者開始研究媒介技術與社會形態之間的關係，而為了更深入研究這個問題，就得先瞭解媒介技術對人類大腦的影響。

11.1 媒介即資訊：大腦如何被媒介影響

加拿大多倫多大學的學者馬素·麥克魯漢（Marshall McLuhan）在《理解媒介》（*Understanding Media*）一書中提出了「媒介即資訊」（The medium is the message）的觀點，**轟動一時**。在大部分人的理解中，媒介是用來傳播資訊的技術，為何麥克魯漢認為媒介就是資訊呢？

在報紙時代，任何當天發生的新聞，最快也要等到第二天才能刊登在報紙上。在報紙出現之前的時代，人們還在透過書信往來，「新」聞往往指的是一個月之前的消息；而在以廣播電視為代表的電子傳播技術出現後，人們可以得知十分鐘前剛剛發生的新聞；網路的出現更是把新聞的傳播速度推向極致，幾乎實現了瞬間傳播。可見，這種以電波為技術的瞬時傳播媒介

改變了人類對於時間的認知。

麥克魯漢曾提出過一個非常著名的概念：地球村（global village）。他認為電子媒介深遠地影響了人們對空間的認識。以911事件為例，當兩架飛機相繼撞上紐約世貿大樓，全世界都在見證了這一歷史性瞬間，雖然這一事件發生在大洋彼岸，但人們透過電視一起見證、感受和經歷這一悲劇瞬間，就好像一個村子裡的居民共同經歷了一起事件。Twitter、Facebook等網路社交媒體的出現，使地球上每一個連接網路的居民，都能瞬間得知世界另一端發生的重要新聞，將誕生於電視時代的「地球村」進一步縮小。因此，麥克魯漢認為新的媒介技術能夠重新定義時間和空間。

人類在進行資訊傳播的時候，會用到視覺、聽覺等各種感官。麥克魯漢認為在遙遠的穴居時代，文字還沒有誕生，我們的祖先使用著一種非常綜合、全面的感官模式，他稱之為全面傳播（holistic communication），也就是我們日常生活中頻繁使用的口語交流。人們可以透過聲音、形象、肢體動作、面部表情甚至眼神來傳達豐富的資訊。口語媒介對人類感官的使用是全面、平衡的，它所傳遞的資訊非常直觀生動。當文字出現後，人類進入了印刷時代，以書籍為代表的文字媒介打破了人類幾百萬年來的感官平衡，人類只需要透過視覺感覺獲取資訊。在進入廣播時代後，廣播媒介又開始強調人類的聽覺感

官。直到電視時代的來臨，它同時刺激了人類的視覺和聽覺感官，提供了非常接近於口語媒介的體驗。

因此，麥克魯漢認為媒介能夠改變人們的感官比例。有科學家研究現代人類的生活方式，並預測人類五官的演化結果。預測結果是，人類將演化出越來越大的眼睛，以滿足電子媒介對視覺感覺的需求，也許到時候，人類不再需要化妝品和美圖軟體「放大」雙眼。

1960 年，美國首次透過電視報導副總統理查·尼克森和參議員約翰·甘迺迪的總統競選辯論，這一競選辯論同時也透過廣播直播。在競選辯論結束後，人們發現了一個有意思的現象：觀看電視的觀眾和收聽廣播的聽眾，對於兩位總統候選人的評價截然不同，這兩種人最終也把選票投給了不同的總統候選人。

美國史上第一次電視直播總統競選辯論

　　透過電視觀看總統競選辯論的選民，大多投給了甘迺迪，因為當時四十三歲的甘迺迪看起來英俊帥氣、年富力強，並且選擇了在黑白電視上顏色突出的深色西裝，給人在視覺上留下了深刻印象；而尼克森看起來老態龍鍾，灰色西裝也和背景難以區分，難以給觀眾留下深刻印象。因此，透過電視收看這次總統競選辯論的觀眾，大多認為甘迺迪會贏得這次辯論勝利；然而，收聽廣播的聽眾得出了相反的結論。從聲音上來判斷，甘迺迪的聲音稍顯年輕，尼克森的聲音更老成穩重，對問題的分析和答案的闡述給人感覺更理性成熟。而由於當時電視在美

國已經得到普及，並受到廣泛歡迎，最終甘迺迪成為這次總統競選的贏家。

透過甘迺迪與尼克森的競選辯論結果，不難看出，同樣的資訊經過不同媒介傳播後，人類的思考結果是不同的，故麥克魯漢認為，媒介技術在悄悄地改變著人類的思維方式。

媒介不僅能影響人類怎麼思考，也能影響人類如何行動。一個在現代生活中越來越常見的場景是，年輕的孩子和父母等長輩一起聚餐，年輕人一手拿著筷子吃飯，一手拿著手機刷著 LINE、Facebook，而長輩們在旁邊一臉困惑，不知道如何與孩子們交流。融入現代生活的人們更依賴高科技的媒介溝通方式（mediated communication），越來越忽略面對面的口語交流。

11.2 傳播時代論：媒介技術與社會形態的關係

麥克魯漢認為，人類歷史上依次出現的三種傳播媒介，也把人類社會的發展歷程分為三個階段，根據傳播媒介的不同，分別是：口語傳播時代、書面傳播時代、電力傳播時代。

麥克魯漢認為，人類最早使用的口語媒介，是原始社會時代的唯一傳播媒介，這一時期的人類社會可以被稱為口語社

會。由於口語媒介資訊的傳播速度低下，人類社會形態基本以人口較少的部落為主，又由於口語媒介難以承載複雜的資訊，文化形態大多以簡單的故事傳說為主。

而當文字與印刷成為社會的主流媒介方式時，人類社會便進入了第二個階段：印刷時代，也是人類脫離部落化的社會時期。由於書面文字可以將資訊更快複製傳播，承載更複雜的資訊內容，人類社會形態開始從人口稀少的部落，演變為人口更多的村莊和小城鎮，人與人的社會關係越來越複雜。在印刷時代存在一個值得被注意的現象：社會精英階級的出現和固化。由於文字的學習成本較高，書籍的印刷成本也一直高居不下，透過書籍傳播的知識往往被壟斷在少數社會精英手裡。因此，印刷時代的大眾更容易受到少數人的統治，政治形態以等級分明的階級社會為主。

以電報、廣播和電視為代表的電力媒介（electric media），使人類社會進入一個嶄新的時代：電子時代。在這一時代，人類社會的主流生產方式變成了工業生產，社會以人口數以萬計的工業化城市為主，百萬、甚至千萬人口的大都市也比比皆是，這得益於電力媒介的瞬間傳播特性，使人類大規模聚集和溝通的成本降到很低。由於印刷成本快速降低，廉價書籍和報紙的出現，使知識在這一時代普及，傳統森嚴的社會階級逐漸瓦解，在印刷時代占據主流地位的封建帝制也一步步走

向滅亡，取而代之的是更為扁平的民主政治。

　　顯然，每一次傳播媒介的重大改變，都深刻地影響了人們的思考方式，最終匯聚成人類對權力關係和社會組織形式的訴求，從而深遠影響著人類社會的方方面面。

第 12 章

網路時代

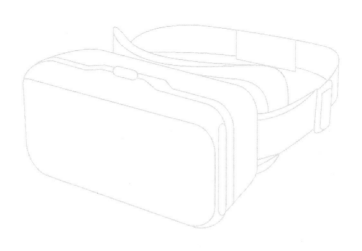

第 12 章　網路時代

對於出生於二十世紀末、二十一世紀初的年輕一代而言，他們幸運地見證了網路技術的興起過程，經歷了網路時代到來的整個過程。他們不僅經歷了網路技術作為一種傳播媒介是如何取代廣播、電視和報紙，也親身體驗著人與人之間的交流方式翻天覆地的變化，他們本身就是網路思維最好的教科書。

我們有必要去瞭解網路技術對人類大腦和社會的影響，這將有助於我們更深刻地理解 VR 技術對人類社會可能帶來的影響。

12.1 網路媒介：前衛又復古

網路和廣播電視一樣，屬於電波技術的電子媒介。得益於智慧型手機的普及，網路在縮小時空尺寸上達到極限，將「地球村」進一步縮小，全球的人從未如此接近過。

然而，網路媒介與電視廣播等傳統電子媒介之間存在本質區別，如果麥克魯漢趕上了網路的誕生和普及，他一定會認為網路媒介比電視媒介更符合口語媒介的特徵。

網路的誕生有幾個階段：

1940 年代，美國國防部阿伯丁武器試驗場（Aberdeen Proving Ground）為了滿足研發彈道導彈的運算需求，聯合美

國賓夕法尼亞大學於 1946 年 2 月 14 日研發出世界第一臺電子電腦 ENIAC。當時 ENIAC 還十分巨大、笨重而且昂貴，看不出其能對人類思考方式造成什麼影響。但電腦作為前所未有的高效率資訊儲存和資訊處理設備，已經為改變人類的思考方式埋下了種子。

1946 年，世界上第一臺電腦 ENIAC 誕生於美國

1960 年代，整個世界還籠罩在冷戰的陰影之中，美國與蘇聯的軍事科技競爭正如火如荼的進行。當時美國只有一個集中的軍事指揮中心，美國國防部認為，如果蘇聯發起戰爭，並使用核武摧毀美國唯一的軍事指揮中心，整個美國的軍事指揮系

第 12 章　網路時代

統將陷入癱瘓狀態，後果將不堪設想。因此，美國國防高等研究計劃署（Advanced Research Projects Agency，ARPA）開始著手建立一個名為 ARPAnet 的網路，把美國幾個分散的軍事指揮點連接，當部分指揮點被摧毀後，其他指揮點仍然能透過網路與軍事系統取得聯繫。

到了 1980 年代，以美國國家科學基金會（National Science Foundation）為首的研究教育機構，利用 ARPAnet 發展出適用於大學和研究機構的 NSFnet，跨越整個美國的網路已經建成，只是應用領域還暫時停留於軍事和研究用途。直到 1990 年代，商業公司被允許進入這一領域，網路被快速商業化，世界各地無數的企業和個人紛紛加入網路。

1994 年，美國網景（Netscape）發布了網景瀏覽器（Netscape Navigator）1.0 版，快速獲得市場主導地位；同年，史丹佛大學研究生楊致遠和大衛·費羅（David Filo）於美國加州創立 Yahoo。由此，人類進入到網路時代的第一個階段：Web 1.0 時代。

Web 1.0 指滿足人類對資訊的聚合和搜索需求的網路產品，包括以 Yahoo 為代表的入口網站和以 Google 為代表的搜索引擎。在這一時代，人類第一次見識到網路所釋放的巨大能量。「Google 一下」開始成為現代人的口頭禪，人們不再需要

耗費大量精力用於記憶資訊，直接上網就能搜得答案 —— 就像口語時代的人類祖先一樣，人類開始擺脫書面文字帶來的複雜記憶、處理過程，只關心解答。

在 Web 1.0 時代，網路媒體與傳統媒體相比，在資訊結構上沒有明顯差別。入口網站的資訊仍然由專業的網路編輯創作，並透過他們發布和傳播，這與傳統的書籍報紙沒有本質區別。而沒過幾年，更符合口語媒介特點的 Web 2.0 應運而生，人類不再滿足於簡單的資訊聚合與搜索，而希望將現實生活中的社交互動也能放到網路上，於是以使用者創作內容（User Generated Content）為核心模式的網路產品開始興起，而現在我們所使用的絕大部分網路產品都符合 Web 2.0 的特徵。

如同入口網站最能反映 Web 1.0 的核心特點，在 Web 2.0 時代，社交媒體最能反映 Web 2.0 的特點。在社交媒體上，每個人都可以成為資訊的創作者、發布者和傳播者，同時還扮演內容受眾的角色。以融入日常生活的 Facebook 為例，所有的內容都是由每一個普通使用者發布；使用者在轉發 Facebook 貼文的時候，扮演了內容傳播者的角色；最後，使用者還承擔內容受眾的角色，瀏覽出現在自己首頁的 Facebook 資訊。

Web 2.0 時代以社交媒體為代表的網路產品，在媒介形式上具有劃時代意義的突破。它徹底還原了口語媒介的資訊結

第 12 章　網路時代

構，每個人都進入資訊的創作、發布和傳播當中，整個資訊結構是扁平的。在這一時代，不再存在一個壟斷知識的精英階層，所有知識都經由個人發布到網路上，也透過個人傳遞給下一個人。專業的知識創作者不再高高在上創作資訊，人們越來越歡迎普通人物所創作的內容，它能引起每一位大眾的強烈共鳴。

Web 2.0 產品將網路媒介的資訊結構還原至口語時代，人類社會的組織形態也在悄悄向口語社會逐漸靠攏。社交媒體的出現使得每一個人都能夠在公共領域發表聲音，它尊重每一個人表達的慾望，但也導致社會公共領域無法像往常一樣凝聚共識，社會意見領域的割裂與衝突日益激烈，整個社會維持運作的成本越來越高，做出公共事務決策的速度也越來越慢。在美國，民主黨和共和黨的意見衝突越來越激烈，美國社會的內部撕裂也越來越嚴重，美國政府在重大公共事務上的決策速度遠比二十世紀慢得多。當人類維持大型政治組織的效益無法覆蓋成本時，大型組織會自發走向瓦解，「部落化」的小型組織將取而代之，人類社會的組織形態將越來越接近於口語社會。

如果麥克魯漢能夠看到今天的世界，我相信他一定會認為人類社會在網路媒介的影響下，正在進入第四個階段：重返口語社會。

12.2 網路對人類社會的悄然改造

在人類社會的三個階段 —— 口語時代、印刷時代和電子時代當中，各自的社會生產方式是截然不同的。在口語時代，人類還處於原始社會，以採集和漁獵為主要生產方式，勞動時間十分自由，勞動成果也足夠填飽肚子。到了印刷時代，書面文字的出現促使了知識的傳播和發展，人類對工具的製造和掌握能力得到提升，發展農業成為可能。最後，人類在蒸汽機的驅動下邁入工業社會，整個社會的生產方式轉變為以工業為主。

在採集漁獵時代，由於人口還很稀少，大自然的資源取之不盡，人類只需要每天勞動兩三個小時就能生存。在這種生活模式下，人類以一種輕鬆自由的姿態迎接生活，在部落中人人互相幫助，團結友好。

隨著文字的誕生，人類開始透過羊皮和龜甲記錄天氣規律和工具製作技巧，農業的發展成為可能。人類社會轉身投入農業生產當中，在沒有自然災害的情況下，人口穩定成長。由於農業勞動是非常沉重的體力工作，而且為了收穫更多的糧食，耕地面積往往很大，為了滿足農業生產的需求，人類社會轉變成以家庭為主、男性為主的組織形態。

隨著科技發展，人類社會進入工業時代。工業生產打破了

第 12 章 網路時代

農耕時代春耕秋收的時間規律，工人在機器上勞動的時間越長，產出的商品也就越多。在這種生產規律下，資本家開始追求更多的工人、更長的工作時間，人類社會也衍生出以公司為代表的、動輒數萬人口的大型企業形態。

1917 年，美國鐵路公司總共僱用了超過一百八十萬名員工；而在工業自動化率大幅提高後的 2014 年，美國三大汽車公司的僱員數超過八十萬。工業文明生產方式的特點，導致大型組織成為主流社會組織形態。

工業文明的生產方式遇到了供應過剩、需求不足的困境。只要是成功轉型為工業化社會的國家和地區，當地人們都已進入物質豐富時代，人們對精神消費品的需求明顯日益旺盛。在這種背景下，網路的出現滿足了人們對精神消費品的需求，不論是電影、音樂還是綜藝節目，都在網路平臺上得到爆發式發展，網路世界成為現代人進行內容消費最重要的場所。總之，在物質生產過剩的大背景下，一場以虛擬經濟和體驗經濟為核心的生產模式轉型正在悄悄發生，《倫敦底層社會》（*London's Underworld*）一書就反映了這一現象。

由於精神消費品的生產沒有明確規律，因此被人們歸納到創意產業中。精神消費品的生產不像工業生產那樣嚴重依賴生產要素，生產精神消費品的核心關鍵是人的創意，而創意是

沒有清晰規律可以運用，好的創意通常誕生於自由輕鬆的環境之中。所以，隨著網路經濟在社會經濟所占的比例越來越大，工業時代等級森嚴的形式，將會逐漸被扁平自由的小組織所取代，越來越多的人將生活在自由輕鬆的環境之中，從事以體驗為核心的工作。

第 12 章　網路時代

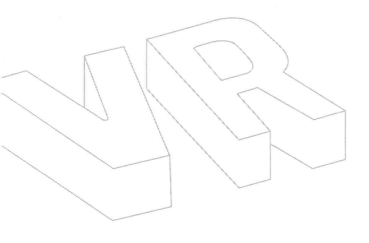

第 13 章

VR 時代

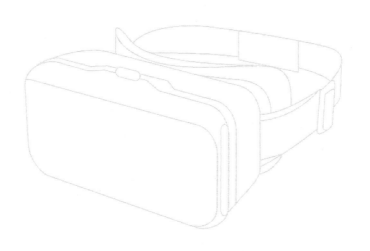

第 13 章　VR 時代

VR 技術作為一類前所未有的資訊媒介，將為人類帶來感官革命，並顛覆人類對世界的感知和理解。基於媒介決定論，新的媒介技術將深遠地影響著人類的思考方式和社會形態。因此在 VR 技術普及的過程中，我們將看到基於工業革命的社會組織與秩序的瓦解，人類的價值觀念也將被逐漸改造。

13.1 舊秩序的解體

一種革命性的技術，如果影響足夠深遠，足以改變人類社會的發展階段，這種技術一定會改變「資源」的定義。在農業時代，人類的生存主要依賴於糧食，更多的農田就能養活更多的人口，因此土地成為所有人都夢寐以求的寶貴資源，而根據對土地這一資源的占有情況，還把人分為地主、農民等社會角色；到了工業時代，機器帶來了遠遠超越普通人極限的強大生產力，農業時代的物質需求很快被滿足，人們開始追求在新社會遊戲規則中獲得更多的資源、更高的地位，於是資本成為最核心的資源，透過資本人們可以獲得世界上絕大部分的資源，甚至獲得更多的資本；在網路時代，許多人已經隱約察覺，資本不再像過去一樣所向披靡，一些人尤其是年輕一代，對資本也不再像上一代人那般趨之若鶩，資本在一系列的失敗面前承認自己不再是萬能的，優秀的人才開始取而代之，成為最寶貴

的資源。

VR 時代可以視為網路時代的延伸。VR 技術無非就是比當下的網路設備在資訊傳遞的體驗上更進一步，但在資訊傳遞方式和結構上是完全符合網路特點，畢竟，VR 設備也要連接網路。

在 VR 時代，人們對汽車、房地產甚至糧食等實體資源的依賴將繼續降低，人們將有越來越多的行為發生於 VR 世界裡，由代碼組成的虛擬資源將扮演越來越重要的角色，人們對資源的理解也將潛移默化地改變。

唯一的問題在於，VR 世界中的虛擬資源，是否還會需要人們付出高昂的成本來獲取？如果這些廉價的資源仍然需要高昂的成本，人們的生活可能還是無法根本性的改變。然而，真的會如此嗎？

我們所處的網路時代已經提出了答案。誕生於工業時代的版權概念，在網路時代很難全面保護，使資訊和資源免費自由流動，是許多網路極客信奉的至尊真理。一些人士認為，網路時代應該幫助人們更好地分享資源，而不是讓資源繼續被少數人占有，並以此獲利。

從實際情況來看，所謂的「盜版」在網路世界的確比較普遍，在技術上，一份資源被複製和傳播的成本幾乎為零，在網

第13章 VR時代

路世界裡阻斷這些資源的傳播幾乎不可能，成本過高。用成本過高的反盜版技術去阻止成本幾乎為零的盜版行為，本身就不切實際。

除了非常現實的成本問題，網路技術獨特的精神氣質也在影響著「盜版」行為。在網路技術出現之前，人類歷史上還從未有過一種大規模、低成本的雙向資訊傳遞媒介，資訊無法真正自由、平等、低成本地流動，這一度導致知識被少數精英群體所私有，普通人無法接觸到真正有價值的知識和見解，以此維持少數精英群體所追求的階級固化現狀。網路技術的出現，讓可以被虛擬化的資源以 0 和 1 的組合形式低成本地傳播，真正讓資源平等地分配到每一位社會人手裡。

在現今的網路時代，受限於媒介設備的局限，人們只能虛擬化書籍、影像等資源，而且這些資源在現有主流媒介設備上的表現力也不夠強，導致資訊傳遞過程中損失。以讓現代人無法喘息的高昂教育資源為例，由於教育資源很依賴於面對面的口語傳授，導致寶貴的教育資源無法徹底被電腦技術虛擬化，更不能毫無損失地將資訊傳遞給受眾。

VR 技術的特殊意義在於，它在資訊媒介上的優勢能夠虛擬化更多種類、更普適性、更重要的資源。也許在不久的將來，寶貴的教育資源可以真真正正地透過 VR 技術以代碼的形式傳

播給所有人，人們在知識獲取上不再有任何的差異，更不存在金錢所導致的歧視。

更深遠的意義在於，VR 技術還能提供一種自由的生活方式。電視、廣播和個人電腦都只能滿足人類的一兩個感官，而 VR 技術可以同時滿足人類的多個感官，帶來綜合式感官體驗，在沉浸式過程中獲得與真實世界無異的體驗。

千萬年來，人類在追求資源中與外界不斷地博弈，只是為了能夠獲得盡可能充裕的資源，讓這些資源支配自己盡量自由的生活方式。VR 時代的來臨，使各種生活方式的體驗成本降到極限，人們可以在電腦模擬的環境中獲得自己想要的世界，按照心目中最理想的生活方式享受生活。

因此，舊世界的秩序和遊戲規則，注定會在 VR 技術的侵入下分崩離析。房地產、汽車、名校和體面的工作，這些讓數十億人像機器一樣忙碌獲取的寶貴資源都將被逐一否定，金錢至上的價值觀念亦是。因為如果 VR 技術能提供你想要的生活方式，那擁有金錢還有什麼用呢？

13.2 賽博龐克：重新認識人類自己

在舊世界的秩序被 VR 技術逐漸瓦解的同時，一種全新

第 13 章　VR 時代

的秩序與文化將成為新世界的主流。有趣的是，在科幻文學領域，一些作家早就預見人類終將迎來一個名為賽博龐克（Cyberpunk）的未來世界，其最大的特點就是科技的進步使得現實世界與虛擬世界之間的界限非常模糊——這正是 VR 技術在未來的某一天要實現的目標。

1984 年，著名科幻小說作家威廉·吉布森（William Ford Gibson）發表了其第一部、也是最重要的一部小說《神經喚術士》（*Neuromancer*），在文學界造成了前所未有的轟動，並引起了全世界的賽博龐克文學運動。除了在文學領域的巨大影響，賽博龐克風格還逐漸蔓延到音樂、漫畫、電影等領域，催生了《攻殼機動隊》、《駭客任務》（*The Matrix*）等賽博龐克風格的優質作品。

在賽博龐克風格作品的作者及導演所闡述的故事中，發達的電腦技術或者生物技術讓人類可以擺脫肉體的限制，肉體的區別乃至存在都缺少意義，人類的大腦或意識才是唯一能夠用來區分人的標準。比如說，如果生物技術在將來非常先進，人類可以隨時更換身體上的任何一部分，那麼性別的存在還是否有意義？你與所謂的異性人類之間的差別已經被生物技術所抹去，唯一的差別只有大腦。

實際上，VR 技術也將在未來的某一天實現同樣的效果：人

類在虛擬世界中可以擁有完全自定義的身體，這副身體可以是任何的性別、年齡、膚色，甚至可以是任何一種動物。看過《駭客任務》的讀者，一定對虛擬世界中的「程式」史密斯印象深刻。在電影的設計中，史密斯根本就不是人類，只是一段擁有自我意識的代碼，卻可以在虛擬世界裡幻化出人類的身體，表現與人類無異。

賽博龐克作品通常都在討論一個核心問題：當科技發展到足夠高的水準時，人類如何面對舊世界與新世界的矛盾與衝突，最終又將在兩個世界中做出怎樣的選擇？

在《攻殼機動隊》中，主人翁素子最後選擇放棄現實世界中的物質化身體，將自己的意識融入無限巨大的虛擬世界；而十年後，在《駭客任務》中，導演對《攻殼機動隊》遺留下的問題進一步研究：進入虛擬世界後的人類，還能被稱為人類嗎？只剩下意識活躍的你，如何能確認自己是人而不是一段程式，以及你所生活的世界，是不是某位管理員正在進行的虛擬人生遊戲？

是時候重新認識人類自己了。如果 VR 技術真的為人類帶來了一個賽博龐克式的世界，那麼現有社會組織幾乎全都無法適應新社會。而當社會組織不再有效，權力關係變得模糊時，社會合作效率一定會大打折扣，穩定的社會秩序也有可能變成

奢望。到那個時候,我們能否快速找到新的方式將人類團結起來,重新建立新的社會秩序?這些問題在目前的我們看來,還是一個難以回答的哲學問題。

13.2 賽博龐克：重新認識人類自己

電子書購買

國家圖書館出版品預行編目資料

虛擬實境的商業化應用：遠比現實世界自由的
VR 世界 / 楊浩然編著 . -- 第一版 . -- 臺北市 :
崧燁文化事業有限公司 , 2021.08
　　面；　公分
POD 版
ISBN 978-986-516-774-5(平裝)
1. 虛擬實境
312.8　　　110011687

虛擬實境的商業化應用：遠比現實世界自由的 VR 世界

臉書

編　　　著：楊浩然

編　　　輯：簡敬容

發 行 人：黃振庭

出 版 者：崧燁文化事業有限公司

發 行 者：崧燁文化事業有限公司

E - m a i l：sonbookservice@gmail.com

粉 絲 頁：https://www.facebook.com/sonbookss/

網　　　址：https://sonbook.net/

地　　　址：台北市中正區重慶南路一段六十一號八樓 815 室

Rm. 815, 8F., No.61, Sec. 1, Chongqing S. Rd., Zhongzheng Dist., Taipei City 100, Taiwan (R.O.C)

電　　　話：(02)2370-3310　　傳　　　真：(02) 2388-1990

印　　　刷：京峯彩色印刷有限公司（京峰數位）

定　　　價：320 元

發 行 日 期：2021 年 08 月第一版

◎本書以 POD 印製